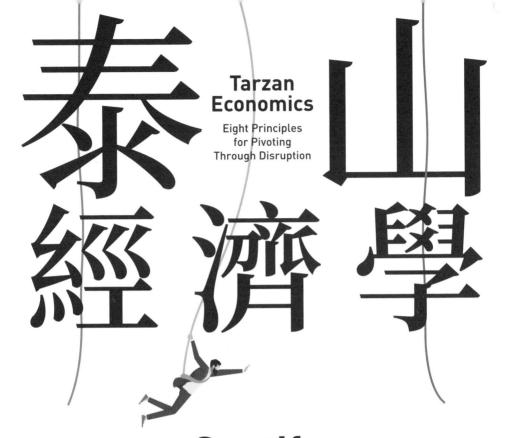

泰山經濟學

Tarzan Economics

Eight Principles for Pivoting Through Disruption

從Spotify看善用破壞性創新轉型的八大原則

威爾·佩奇 Will Page 著
劉懷仁 譯

獻給大衛（David Page）和伊莎貝爾（Isabel Page）
感謝你們一路支持我

感謝大英圖書館（British Library）、倫敦政治經濟學院（The London School of Economics and Political Science）的員工和贊助人。感謝肯蒂什鎮（Kentish Town）的游泳池，提供我撰寫書籍的完美地點。

「音樂隨著作曲家的節奏播放，文字則隨著讀者的步伐邁進。」

——經濟學家薩菲爾（David Safir），二〇一九年十月

「《泰山經濟學》說明了我們在後疫情時期所面臨的難題。我們緊緊抓住舊藤蔓，讓我們能離開叢林地面，同時卻缺乏信心盪向新藤蔓。關鍵在於搞清楚什麼時候該放手。這本書像警鐘一樣敲醒你，舊藤蔓可能隨時會斷掉。」

——科技學家葛里芬（Jim Griffin），二〇二〇年八月

目錄

各界推薦

・音樂產業近期動盪的歷史，也為其他產業譜出琅琅上口的配樂，例如，廚房家具品牌特百惠（Tupperware）病毒式行銷策略早期的成功，以及十三世紀萊茵同盟（Rhine League）穿插著軼事和音樂的聯盟警世故事。《泰山經濟學》這本有趣的書籍如果還無法在 Spotify 上收聽，那應該要快點錄製出來。

——《金融時報》

・Spotify 前首席經濟學家佩奇，不僅面對重大顛覆做出相應改變，還預見破壞性創新的出現，並且善加利用。音樂產業的工作經驗讓他充分駕馭變革的重要知識，而非遭到變革吞噬。

——亞當．格蘭特（Adam Grant），《給予》作者，TED Podcast《Work Life》節目主持人

- 《泰山經濟學》是一趟瘋狂旅程，探索了驚滔駭浪的數位音樂產業，內容充滿趣味和商業策略啟發。佩奇的文字激昂且富含深刻見解，探討內容涵蓋線上音樂服務軟體 Napster 和馬克・吐溫（Mark Twain）的專利問題。

——普雷斯頓・麥克菲（Preston McAfee），Google 傑出科學家

- 這本書探討了現代社會最重要的兩項概念：注意力經濟，以及「創建者」和「經營者」之間的差異。書中的啟示無論對大企業經營者或個人創業都十分重要。這是一本引人入勝且超乎期待的作品。

——史考特・蓋洛威（Scott Galloway），《疫後大未來》作者，Pivot Podcast 的共同主持人

- 很多商業書籍都談論到數位破壞性創新，還有一些是講述精彩故事的專業人士指南，而僅有少數書籍真的能讓讀者一頁一頁翻下去。《泰山經濟學》符合上述三種描述，甚至還更加精彩。這本書能讓讀者了解並學習應對持續發生和即將發生的破壞性創新。

——安德魯・麥克費（Andrew McAfee），麻省理工學院數位經濟研究中心（MIT Initiative on the Digital Economy）共同創辦人

・佩奇巧妙的從音樂產業的破壞性創新深入推論，呼籲我們不要一味接受表面數據，應當從不同面向，深入批判。佩奇引導我們如何辨識時而隱晦、時而隱藏在顯而易見處，可能指向不同方向的因素，來翻轉我們的思考。

——瑪莉・梅根・皮爾（Mary Megan Peer），peermusic 首席執行長

・我原本以為談論破壞性創新的書籍已經夠多了，但我錯了。這本書超棒，內容清楚而且提供多面向思考和實用建議。

——詹姆斯・安德森（James Anderson），巴美列捷福（Baillie Gifford）合夥人

・我愛上這本書了，不但非常有趣，還提供許多精彩實例和資訊。最重要的是，作者清楚傳達且充分論證了一項重要的中心理論：產業和政府不僅要從做事方式，還必須從衡量事物的方式上實現技術躍進。作者提出發人深省的連結：為什麼博物館應該向亞特蘭大獵鷹隊（Atlanta Falcons）學習，以及為什麼用ＧＤＰ衡量經濟健康是大錯特錯。

——艾德・維濟（Lord Vaizey of Didcot），
英國二〇一〇年至二〇一六年文化與數位經濟國務大臣

• 經濟學這門「沉悶的科學」在《泰山經濟學》中重獲新生。科技和思維方式的快速變革，能夠將難題轉化為巨大契機。

——阿利斯泰爾・達林（Lord Darling），
英國二〇〇七年至二〇一〇年財政大臣

• 這本書不僅生動描述音樂產業近期的經濟狀況，也是企業經濟學通用知識的寶庫。

——約翰・凱（John Kay CBE），
牛津大學聖約翰學院院士（St John College, Oxford）、
《極端不確定性》獲獎作者

• 有趣且極具見解……提供了形形色色的例子。

——岳琳達（Linda Yueh），
《偉大的經濟學家》（*The Great Economists*）作者

• 「歡迎來到叢林，泰山！」佩奇又再次提出驚人理論。佩奇任職於 Kobalt 時，每次整理出音樂產業論點和指出發展方向，總能讓我們大感驚喜。面對事實而勿心生懼怕。在

這本新書中，佩奇將複雜的變革總結為簡單易懂的概念。我們整整花了二十年時間在學校讀書，但閱讀佩奇的書籍是了解更多知識更快的方法，特別是能夠了解你自己！

——威拉德．阿德里茨（Willard Ahdritz），Kobalt Music 創辦人兼董事長

・這本書能讓你重新檢視你知道的事物！在這個超現實的數位時代，如何借助破壞性創新來轉型、前進，就能夠像泰山從一根藤蔓盪到下一根，知道放下舊的，看見新的契機。

——倪重華，MTI音樂科技學院基金會董事長

・與音樂產業一樣，台灣的便利商店與超市也跟以往有很大的不同，在數位化浪潮下，便利商店發展出代收取件的電商最後一哩的功能，超市也補足傳統電商最弱的生鮮電商功能，提前找到下一個可能在數位化浪潮下被取代的商業模式。這跟作者看到的音樂不死，只是換了方式，有異曲同工之妙。

文中有許多引人入勝的思考觀點，像是共有財、公有財、獨享性、私有財等等，加上社會文化對新事物的接受度，都會影響新商業模式的成敗，在這個變動的數位時代，如何讓自己所處的行業華麗轉身，尋找新而強壯的藤蔓，本文有許多發人深省的觀點。推薦大家整本細讀！

- 「Netflix的競爭對手是睡眠。」好一個out of box的思考模式，好一個破壞性創新的思維。這些思考模式不是憑空出現的，而是大數據後面的發掘及洞察。

——劉鴻徵，全聯福利中心行銷部協理

只有從消費者真實的行為數據抽絲剝繭，才能跳出被傳統框住的思考，趕快拋棄手上的舊樹藤，找到一條新的、安全的樹藤，擺盪上另外一個山頭。

——張志浩，台灣邁肯行銷傳播集團董事長暨執行長

- 我非常喜歡作者用「泰山經濟學」的比喻來形容，你要知道何時放手、何時要抓住契機。這二十幾年來，我身處的音樂產業因為受到數位音樂的衝擊，很多唱片公司都消失了，但也有許多留下來，重新站起，甚至做得更有聲有色。

風潮的核心理念就是做好音樂的內容與價值，而且經營的態度是要不斷地跟上時代的變化，就像風潮很早就成立數位部門，極力擁抱數位時代的變化。因此當Apple Music、Spotify……等串流平台新的音樂模式出現時，我們重視內容的價值並未消失，反而可以得到消費者的重視。

——楊錦聰，風潮音樂創辦人

推薦序

置之死地而後生

文／吳億盼（讀書e誌版主）

音樂串流服務平台 Spotify 前經濟學家威爾佩奇，用音樂界早期被數位化衝擊，到後來浴火重生的故事，分享產業歷經數位化顛覆，如何能夠像叢林中的泰山從一根藤蔓盪到下一根，知道何時該放手而又何時該抓住新的契機。

本書作者在書中所寫的：「首當其衝，卻置之死地而後生。」可以說是音樂產業過去二十年來的寫照。我記得當年 Napster 讓人們可以用MP3格式免費交換CD中的歌曲，所有主流媒體都預告這是唱片業者的死期。當時唱片業受到突如其來的衝擊完全措手不及。後來還發生聯手對免費下載消費者的訴訟，這些被告的人也完全沒有能力付出任何罰款，整個事情反而對唱片業的形象造成更大的傷害。

過去這二十年當中也可以看到歌手與經紀公司或唱片公司之間，權力關係的變化。歷經這二十年的起落之後，從音樂整體的產值看起來，即便買CD、買歌曲的人更加少了，可是整體串流訂閱的產值，再加上後來流行起復古風的黑膠唱片產值，幾乎回復到二十多年前的水準，也持續在成長當中。人們需要音樂的需求是不變的，所以創作家與音樂公司如果要打敗「免費」，只能從其他的方式創造比免費更棒的價值。

本書作者威爾・佩奇原本是一位英國經濟學家，骨子裡卻是個有著搖滾靈魂的人。他曾經在英國政府單位上班，因為對音樂的熱愛而四處尋找何處有能夠把他的經濟學所長，與對音樂的熱愛結合的職位。沒想到竟然在 Spotify 這個新創公司中找到可以發揮結合的威力。

我非常喜歡作者的寫作手法。一方面他的文筆帶有英國氏特殊的冷面笑匠幽默。另一方面他所提出的觀點每一個都讓我耳目一新。他挑戰我們很多慣常思考的方式。例如，所有注意力經濟當中的內容都一定是相斥的，還是有相輔相成的可能呢？人類的經濟行為決策一定是自私的，還是有群體利益大於個人利益的時刻呢？所謂「好」的相反一定是「壞」嗎，還是有可能「好」的相反也是「好」的？而大數據帶來是真正的洞見，還是更大的偏誤呢？

書中整理了八個原則，是作者從整個音樂產業的經驗當中學到，想像泰山一樣在叢林中的藤蔓中暢行無阻的話，就必須知道何時該放手（過去的經驗以及成功）以及何時該抓住未知的新事物。他提到當時音樂產業一直被媒體以及教科書當成是一個「沒有跟上時代轉型」的失敗案例，其實後來所有的產業也逐漸受到衝擊。包括新聞媒體、影視娛樂，以及各式各樣的資訊產業。而且這些被描述成恐龍的舊霸主，不見得都是沒有創新的，畢竟要放掉確知可以獲利的既有事業絕非容易的事情。

所以從事後的觀點來看，可以學習到什麼呢？其中我覺得有幾個論點非常有趣。第一是注意力的競爭：Spotify 研究了不同活動對於注意力的需要，有些時候是相衝突的（例如 Netflix 會需要你全神貫注），但有些時候會是相輔相成的（例如閱讀時透過 Spotify 聽音樂）。知道你的產品內容是什麼，需要什麼樣的注意力程度，將可以決定如何調整戰略位置。

第二是關於評估自身正處在什麼樣的一個階段。作者舉的最明顯的一個例子就是政府的GDP，他提到在各個產業數位化的時候，這樣的衡量方式會失去一大部分的真相。在數位時代思考所謂的壟斷跟實體產業的壟斷，從經濟學看起來其實是有相當不同的效應。（或許，這也是為什麼各國政府對於這些科技大頭，這麼難攔阻的原因之一。）「數位經濟無處不在，唯獨在政府的統計數字中找不到。」

回到組織和企業，當你評斷投入一個新的嘗試是增加或減少產值的時候，或許應該問問自己：「所謂的市占率是什麼東西的市占率呢？」甚至應該思考「如果市占率變小但是餅變大很多」，那你的戰略思考是否就會有不同的判斷？

第三是關於所謂的大數據。作者用很多音樂界實際的例子，說明為什麼大數據容易造成偏誤。或者是說為什麼更重要的資訊常常沒有辦法衡量，也因為沒有辦法衡量而被人忽略。還有從數據去看趨勢容易發生的一個錯誤判斷，就是所謂的正向關係與因果關係的混淆，例如他們調查發現，每年在游泳池畔發生意外的人數，跟尼可拉斯・凱吉（Nicolas Cage）當年是否有新電影上映有直接的關係。

書中一開始還提到你的產業屬性，是否有重複使用性（例如CD片vs數位音樂檔），是否有專屬性（一次只能一個人享用還是可以多人一起）。不同的排列組合中就會延伸出不同的商務模式可能性。這樣的思考方式頗為動人心弦，也會讓我重新去套用在其他的行業當中。

最後分享一個有趣的小段落。作者身為一個熱愛音樂的人，想當然耳是有一整套音樂錄音帶的收藏。人們的歌單中很少有沒聽過的歌，但書架中卻有很多還沒看的書。所以他說：「唱片收藏決定你是什麼樣的人，書籍收藏則決定你真正想成為的人。」

我這個買書數量遠遠超過閱讀速度的人，整個中槍啊！

自序

我們遲早都會面臨被顛覆的一刻，你看見它迎面而來了嗎？

二〇一二年舉行倫敦奧運的那年夏天，我進入 Spotify 工作。第一天到職時，主管就要我為全球唱片音樂產業的年鑑撰稿。當時我發現，要找到能啟發讀者想像力的內容十分困難。當時音樂產業正值低潮，銷售數字十分難看：CD銷售量下滑，盜版越發猖獗，下載銷售通路也無法彌補缺口；串流銷售量相對全球唱片公司的總銷售額來說更是微不足道。

我絞盡腦汁卻寫不出任何東西，於是朋友介紹我認識公司的一位同事泰南（Chris Tynan），泰南當時擔任資料科學家，默默的做著研究。泰南協助建構前所未有的公司資料儀表板，讓 Spotify 的員工能夠直觀了解 Spotify 聽眾的收聽習慣。每當我們想要從資料庫中提取資料時，泰南總會直盯著我們問：「你們想怎麼利用我給的資料？」他想讓我們知道，在迷失在複雜資料海之前，必須先用基本常識思考——這是我在接下來數百頁內容中，想要傳達給你們的重要一課。

我們倉促給出一個非常簡單的想法：提取的資料會用來製作公司串流平台的年度最佳專輯排行榜。音樂產業特別沉迷於排行榜，他們會大肆宣傳熱門歌曲，進而讓這些高曝光率歌曲更加熱門。這份排行榜絕對符合聽眾期待。

排行榜將比利時、澳洲雙重國籍流行巨星高堤耶（Gotye）的專輯《幻鏡》（*Making Mirrors*）擺在榜首。高堤耶在《幻鏡》專輯發行前一年，靠著〈熟悉的陌生人〉（Somebody That I Used to Know）單曲爆紅，這首歌曲演唱風格空靈，我認為是專為在Apple Mac筆電上播放而製作。繼續向下看榜單，會發現拉娜・德芮（Lana Del Rey）的《生死相守》（*Born to Die*）專輯遠遠落後，排在第八名。

看到《生死相守》的排名，我們想出該如何處理資料。從小到大我們都聽過許多專輯，有些專輯整張都是優質歌曲，有些專輯則單靠一首歌撐起。我們十分清楚專輯中會同時存在一時之選和濫竽充數。相較於專輯計算銷售量，串流計算的是收聽次數，我們發現這項資訊可以得到更準確的專輯排行榜。

一名擅長統計思考的同事，想到了找出熱門專輯的簡單方法——

使用中位數的概念。我們利用專輯中所有歌曲受歡迎程度的中位數，來決定專輯排行榜的排名。例如，如果每張專輯都有十一首歌曲，我們會以受歡迎程度第六名的歌曲來決定專輯排名。這個方法能讓我們找出專輯實際收聽量，而非僅是銷售量。利用這個方法可以減少單一熱門歌曲造成的數據扭曲，進而揭開整張專輯的實際收聽狀況。這能讓我們找出某張專輯的歌曲是否皆為一時之選，或者幾乎都是濫竽充數。

我們發現如果使用此方法評估，高堤耶的專輯不只跌落榜首，而是狠狠的摔出排行榜十名之外。相反的，拉娜·德芮的專輯從排行榜第八名竄升到第一名。我們藉由串流資料揭開收聽數據，能夠清楚了解高堤耶就只靠一首歌紅。大家都知道而且愛聽〈熟悉的陌生人〉，但時至今日，我還沒找到任何人能說出高堤耶其他一首歌曲的歌名。拉娜·德芮可不只有〈電玩〉（Video Games）和〈生死相守〉兩首熱門歌曲，粉絲認為她整張專輯都非常優質，〈藍色牛仔褲〉（Blue Jeans）、〈競賽遊戲〉（Off to the Races）以及專輯中其他歌曲受喜愛程度幾乎不相上下。

我從統計學到經濟學，考量了這些資料在商業上的應用。如果一場音樂節的主辦人，打算邀請上述兩位歌手到主舞台上演出，並詢問我如何安排，我會建議只讓高堤耶演出四分四秒，正好是他唯一一首熱門歌曲的長度；但拉娜·德芮則應該整整演出一個小時，並且可以考慮加上額外一個小時的安可曲時間，因為我們清楚明白，她所有的粉絲喜歡她的每一首歌曲。

從看人臉色的娛樂事業到大型演藝產業，從原本銷售實體專輯和下載銷售，到現在根據串流實際收聽量收費，歌手們必須不斷適應新規則。因為歌曲必須串流播放超過三十秒，歌手才會獲得報酬，加上無論歌曲長短報酬都相同，所以我們可以發現熱門歌曲都越來越短，而且歌曲開頭就會搶先出現副歌。U2樂團經典老歌〈無名街道〉（Where the Streets Have No Name）播放接近兩分鐘，歌者的聲音才出現，這種歌曲將無法吸引新時代的消費者，精心錄製歌曲終將徒勞無功。

作曲家的生存法則很簡單：不要讓聽眾無聊，快點進副歌。精練的歌曲反映出聽眾的注意力持續時間已逐漸縮短。發行專輯的時候本來應該是一位歌手的最巔峰，現在卻已經變成了尾聲，因為發行專輯相當於告訴粉絲，接下來幾年可能不再有新歌，也就是說粉絲不會再注意這名歌手。原本樂團在錄音室中準備下一首巨作的期間，應該會讓粉絲滿心期待，但現在粉絲卻只會聳聳肩，認為樂團應該是去度假了，他們的注意力會被其他音樂吸走。音樂產業產生了兩種從未有人認為會出現、可能出現或應該出現的結果：首先，雖然音樂變得更有價值，但同時音樂與粉絲間的親密感也降低了。如同大衛．鮑伊（David Bowie）在二〇〇二年時所預言：「音樂就像自來水。」隨處可得而不再讓人期待。

上述困境涉及注意力經濟學，在之後的章節將會深入探討，這樣的困境是我們面臨的第一項重大轉變。我們從僅知道專輯銷售量，轉為揭開歌曲實際的收聽數據，就是一項關鍵進展。過去就面臨很多這樣的困境，現在更是層出不窮，甚至無處不在。有許多隱藏資訊等著我們去揭開。就像得知一月份有多少人加入健身房會員來打發假期時光，並無法知道有多少加入的人實際使用健身房，以及如何使用健身房；得知上一季售出多少車輛，並無法知道現在有多少賣出的車實際開上路，或者消費者買車的目的；得知房市正在升溫或降溫，並無法知道誰住在那些房子中，或是他們生活過得如何；得知有多少份報紙出貨到報攤和售報亭，並無法知道實際銷售數字，更不用說實際閱讀狀況。因此報紙發行量都是以退回配送倉庫的數量來衡量，而非銷售量。

我們可能會認為自己已經十分了解成熟的市場，實際上知道的只是冰山一角。彼得・杜拉克（Peter Drucker）有一句名言：「消費者很少購買公司認為自己正在銷售的商品。」——這就是你需要本書的原因，本書能讓你重新檢視你以為已經知道的事物。一旦你清楚了解所有資訊，就能更清楚了解在這個如超現實般的數位時代中，如何及何時借助破壞性創新來轉型、前進。

如果你現在手上拿著紙本的《泰山經濟學》，這件「產品」就是圖書產業幾世紀以來出版的商品形式。出版商十分清楚如何銷售書籍，但卻幾乎不知道讀者是否真的閱讀了書籍，以及書籍閱讀方式。圖書產業熟知如何行銷書籍，他們透過試讀或引述讓讀者了解書籍好壞，但並不知道讀者實際的閱讀狀況。當然，如果是利用 Kindle 或類似平台售出的電子書，就能得到這些數據。

了解讀者閱讀狀況對出版商來說非常重要，電子書能夠提供傳統書籍無法給予的資訊。傳統書籍發行商無法得知讀者是否完整閱讀書籍，或是讀到哪個章節就放棄了。而且就算出版商知道讀者閱讀狀況，也不能進而推斷出閱讀體驗。

一名資深出版社業者清楚告訴我，他的事業之所以成功，就是遵照以下經驗法則：八〇％賣出的書籍，買者都未曾閱讀。也就是說，每年他在規劃預算時都清楚知道，每賣出的十本書中，有八本會被放在玻璃桌或灰塵滿布的書架上，或是當作禮物送給別人。我向他提出挑戰，要他說說看圖書產業販售那麼多無用之物，存在的理由是什麼。他回答：「我們常說，唱片收藏決定你是什麼樣的人，書籍收藏則決定你真正想成為的人。」真是充滿智慧的說法。

比起其他媒體產業，我們從音樂產業學到的事物，更能告訴我們自己到底是誰。音樂如此重要，並不僅僅是因為這個產業第一個遭受衝擊又第一個復原，同時也因為音樂是第一個讓我們真正了解自我的產業。本書皆以音樂產業做為變革的說明實例，畢竟音樂產業就是數位礦坑中的第一隻金絲雀，警示著未來諸多產業即將遭遇的衝擊。

雖然無以數計的產業無法像這樣，使用簡單統計分析高堤耶和拉娜．德芮的排行榜問題。但時代仍正在改變：健身 apps 會告訴使用者真正的運動成效，而非只是有沒有加入健身房會員；智慧型汽車能夠記錄顧客旅行地點的資訊，而非只是車輛出售資訊；Alexa 和

Google Home 等裝置揭露了我們如何在自購的房子中生活，而非只是哪些人花了多少錢買了幾棟房子；傳統報紙接納了網際網路，新的平台會根據閱讀時間收費；電子書和有聲書的興起，終於能讓出版商或零售商了解讀者實際閱讀狀況和閱讀速度，而非僅是賣出多少本書。

這些產業都在追逐音樂產業的腳步。音樂產業最先遭到數位破壞性創新的襲擊，也是第一個克服阻礙的產業，比起社會上其他產業整整領先二十年。多虧了串流媒體，加上現在智慧型手機數量超越了過去所有隨身聽的數量，音樂產業在收入和觸及率都到達了新巔峰。此外，音樂產業也清楚了解聽眾實際收聽狀況。串流能讓我們知道音樂收聽頻率、串流收聽來源、聽眾儲存和跳過的歌曲，以及最重要的——聽眾是否會分享喜愛的歌曲。音樂產業正在復甦，我們現在非常清楚其中的原因：音樂產業現在能掌握所有資訊，更清楚一點說，業者知道音樂作品實際的收聽狀況，而非只是銷售量。這是一種典範轉移（第八章會再進一步說明）。

音樂產業之所以重要，是因為這個產業最先從數位破壞性創新中復甦，這也是為什麼我們都能從音樂產業中學到重要經驗。這本書要幫助你迅速補齊所需知識。

導論

我的責任是帶你看到每個角落

你願意投資有限的注意力來閱讀這本書籍，代表你樂於接受新想法。破壞性創新就是從新想法開始。例如，嘗試相較於原本習慣的舊方法更快、更有效率的新方法，從A點走到B點——這就是一種微型的破壞性創新。相對來說較大型的破壞性創新，則能讓我們做到以前無法完成的事。

本書聚焦重點是那些魔術般的破壞性創新。例如，一九二〇年代的無線電波和電氣化，以及一九九〇年代的藝術數位化興起。這些破壞性創新重新定義遊戲規則，將產品轉變為全球服務，像是將車輛轉為按客戶需求所供的全球運輸服務。

若要掌控破壞性創新，則需擁有自信，清楚知道何時該放棄舊想法並抓住新想法。從舊想法「盪」到新想法——即為科技學家葛里芬（Jim Griffin）二〇〇九年在舊金山舉辦的超新星討論會（Supernova conference）演講中提到的「泰山經濟學」。葛里芬反思音樂產業對抗非法檔案共享網站 Napster 和後續無數模仿者時，他說：「我們緊緊抓住這條藤蔓，讓我們能離開叢林地面。但與此同時，我們為了要繼續前進，又盪向另一條藤蔓。關鍵在於搞清楚何時該放開手上的舊藤蔓，何時該抓住新藤蔓。」

葛里芬的觀察鞭辟入裡，就像絕佳的斯佩塞區雪莉桶麥芽威士忌一樣又陳又香。二十年前，音樂產業面臨巨大的破壞性創新。頭十年音樂產業還不知道該如何應對，但隨後便找到轉型和成長的方法。現在無數線上和線下產業，都發現破壞性創新這把大槍指著它們的腦袋。本書將幫助你清楚了解如何避免浪費那十年，直接進入產業成長階段。

轉型的意思是，知道什麼時候堅持習慣的作法只會讓事情更糟，進而能放棄既有作法。伸手抓向新藤蔓必須面對黑暗和未知的恐懼，本書將為你注入勇於放棄的自信。

COVID-19 危機加速了正在發生的破壞性變革。實體商店在疫情前本來就已經衰退，疫情前從未在網路上購物的消費者，現在也不得不嘗試線上購物。就算實體商店恢復營業，許多人也不會再回到街上購物。疫情期間，視訊會議使用量暴增，甚至將遠端會議軟體服務公司 Zoom 的市值，推升至超越全球七大航空公司，甚至凌駕巨型企業奇異（General Electric）。變革的種子在疫情前早已播下，泰山經濟學正悄悄進入我們的生活。

曾經最吸引學生就讀，薪資最高的三種專業：會計、銀行和法律，現在已經由資料科學、軟體工程和產品管理取代。[1]

會計師們發現，相較於專業會計師，手機 apps 能提供客戶更好、更快且更便宜的服務。Stripe 公司提供的 Stripe Atlas 服務，目標不僅僅是針對會計業供應鏈進行破壞性創新，而是完全取代會計業。這項服務摒棄冗長的文書作業、複雜的法律程序和巨額的費用，讓從前成立公司得花費數月縮減至短短幾日。

如果你主修會計，借助於破壞性創新轉型意味著你已意識到，當你完成資格考試後，實際的工作情況將會和剛開始就讀會計系時完全不同。如果你決定繼續抓住舊藤蔓，希望專業遭到取代的問題自動消失，或者只取代了最瑣碎的工作，最終結果將讓你大失所望。破壞性創新推動者入侵會計業的野心，遠遠超出最基本的記帳工作。

如果你是一名高階主管，身為組織負責人並管理數千名員工，你必須意識到，如果只因為繼續抓住舊藤蔓依舊能領到薪水，而忽視「Napster 時刻」*的全面入侵，只會讓緊抓住舊藤蔓的手越來越難放開，並將新藤蔓推至遙不可及的地方。

銀行家現在也必須面對自身的泰山經濟學，因為新進者像數位螞蟻般分食著他們的野餐。近年來，我們目睹許多金融公司興衰，但一直刻意閃躲，不去了解銀行如何賺錢，以及金錢一開始怎麼出現的。不但學校很少教學生部分準備金借貸（fractional reserve

＊編按：Napster 是提供線上音樂服務的軟體，是第一個被廣泛應用的點對點（P2P）音樂共享服務。「Napster 時刻」表示激進的、改變遊戲規則的破壞。

lending，可以解釋為什麼銀行僅持有一美元就可以借出十美元），就連財務部門聲稱靠金融工具賺取數百萬美元，也很少遭專業人士質疑，他們從不過問財務部門這幾百萬美元是從誰的口袋拿出來的。以前銀行賺錢我們都會覺得十分開心，但現在想法變了，我們想知道這些利潤從何而來。

Revolut 和 TransferWise 兩家公司明確的能帶來上述預測利潤的費用結構提出挑戰。客戶將錢從美元帳戶匯款到英鎊帳戶，過程中會損失三%的價值，這筆銀行因客戶交易活動向客戶徵收的無形費用，用來支付銀行一切的業務開支，其中還包含和投資部門一起去賭場遊玩的花費。

法律工作是另一項曾在大學畢業生就業排行榜上名列前茅的職業，但現在受到破壞性創新的壓力也岌岌可危。科技在過去二十年間不斷嘗試破壞性創新和「盜取」法律專業，但律師事務所依然視而不見，甚至反對真正改革。只要看看典型的法律部門組織結構，然後數一數有多少助理的助理，就能找到證據。如果你發現有一個法律部門中三分之一領高薪的員工都不是律師，請不要太過驚訝。事出必有因，無風不起浪，組織中過多的無用脂肪需要靠科技來割除。

發生變革的徵兆正不斷出現。首先出現的就是開始採用 DocuSign（文件簽署軟體）和 Fastcase（法律資料庫）等產品。從根本上來說，法律專業的「產品」就是信任，DocuSign

將信任數位化；Fastcase 也正在法律產業取得進展，Fastcase 的法律資料服務能夠根據結果分析讀寫論證。這些 apps 所帶來的進展，遠遠超出讓律師擺脫觸摸紙本資料的神聖迷戀。

就在律師徒勞的抓著舊藤蔓時，泰山經濟學上演了。「盜取」這項專業的破壞性創新採用病毒式設計，也就是如果我使用 DocuSign，我所有的客戶也都必須使用 DocuSign，或者必須使用 DocuSign 副簽。這種「網路效應」（network effect）* 意味著採用人數會緊緊跟上破壞性創新。未能接受這項新技術的個人、組織或機構，將難以擴展其想法。典型的新創公司從四名員工成長到四百人，再成長到四千人時，花費高昂的法律部門也容易過度膨脹——如果法律部門員工的占比高達全公司的十分之一，也不必太過驚訝。但如果能夠伸手抓住法律科技的新藤蔓，就能將法律部門的員工和所需費用減半。

面對未知的恐懼會讓人不斷抗拒抓住新藤蔓，但事實上根本沒必要恐懼。科技對法律產業造成破壞性創新，並不是針對律師本身。人們永遠需要律師，因為人類既容易犯錯又不完美，而且總有機會把事情搞砸。

法律、銀行和會計產業只是其中三種需要這本書的職業，我還可以輕易舉出也需要這

* 編按：又稱網路外部性，指產品因使用者的數量增加而其價值亦隨之增加的效果。例如：電話、傳真機、電腦作業系統等。

本書的數百種產業。無論是位在組織頂端的合夥人，或是渴望這些組織能雇用他們的學生，都值得閱讀這本書。要了解如何借助破壞性創新轉型，需要擁有相當的自信，清楚知道何時該繼續前進：何時舊藤蔓不再可靠，以及何時必須伸手抓住新藤蔓。

音樂產業最先復甦，所以具有參考價值

音樂產業第一個深受科技的破壞性衝擊，也是第一個復原的，因此我們能夠從音樂產業的經驗中汲取教訓。音樂產業是最先復甦的產業，因此了解音樂產業棄舊圖新的歷史，能讓你應用本書內容、借助破壞性創新來轉型。

讓我們一起回到二十年前，觀察音樂產業經歷的破壞性創新影響範圍有多龐大。《經濟學人》（*The Economist*）二〇〇〇年六月發布了一篇文章〈Napster 的警鐘〉（Napster's wake-up call），副標題是「唱片公司全心全意擁抱網際網路的時候到了」。文章結論提到，Napster 這類非法盜版網站的成功，是大眾對於音樂產業轉型到數位未來猶豫不決的「回應和控訴」。接下來的十年，音樂產業花費數百萬美元對抗變革，同時也損失數十億美元營收。在後續章節我們將會了解，破壞性創新發展的最初十年，一直困擾著音樂產業、讓他們不願面對的真相是：消費者竊取音樂遠遠比購買音樂容易得多。

音樂產業陷入財務深淵整整十年後，才停止猶豫並開始轉型，它們放棄了ＣＤ和下載的所有權模式，接納訂閱和串流的存取模型。Spotify 推出時只有一個明確使命：建構一個勝過盜版音樂，而且消費者會用來收聽音樂的平台。國際唱片業協會（International Federation of the Phonographic Industry）日前在它們二〇二〇年的《全球音樂報告》（*Global Music Report*）中指出，超過三億四千萬人支付月費合法收聽音樂，與《經濟學人》在千禧年之際刊登的文章提案不謀而合。

我很幸運的，在音樂產業正要開始革命轉型時進入這個產業。我原本在家鄉蘇格蘭愛丁堡過著蝙蝠俠般的生活：白天是一名任職於政府機關的經濟學家，穿著規定的深黑西裝、藍襯衫和紅領帶；晚上我是一名ＤＪ記者，為時尚雜誌《直接了當》（*Straight No Chaser*）撰寫關於費城嘻哈和巴西放克的文章。

我的音樂之旅從青少年時期開始，受到紐約嘻哈團體叢林兄弟（Jungle Brothers）一九八九年的專輯《自然之力之作》（*Done by the Forces of Nature*）中〈第二次末日來臨〉（In Dayz 2 Come）歌詞影響，我從單純的聽眾，轉變為積極的推廣者。那首歌的歌詞可以看出叢林兄弟盡全力將音樂和想法傳達給廣大聽眾，既不失歌曲完整性，也不泛於主流。饒舌歌手斯摩爾（Michael Small，叢林兄弟成員之一，藝名 Mike Gee）三十年前就寫下了這段歌詞，提出深深反思：

「我想以最謙虛的方式呈現自我，說出內心真實想法，讓聽眾可以了解、感受和利用。當時每個人都認為音樂產業就是一場騙局。饒舌音樂變了，從單純的表演變成商業作品，從藝術變成一場遊戲。當然如果想要在這場遊戲中存活，唱片就必須賣得出去，但我不想為了賣出唱片而出賣我的靈魂。」

他說的這些話，讓我和我的音樂旅程脫離了主流音樂，並進入獨立音樂，離開中間大路走向旁邊的小徑。DJ的角色就是要不改變或稀釋藝術完整性來傳播音樂，不借助淡化藝術本質的主流音樂，就能讓大家繼續在舞池中跳舞。「搖滾經濟學家」（rockonomist）的工作類似DJ，要在不簡化資訊且能讓大家接受的情況下，傳達必要的知識。

我從一九八九年的音樂狂歡時代，一直到二〇〇六年尋找合適工作這段期間，一直都是一位搖滾經濟學的崇拜者。只要能踏進我所喜愛的產業，為產業做出一些改變，我願意接受任何條件。當時音樂產業並不需要經濟學，甚至沒有任何談論音樂產業和經濟學的著作。我唯一能找到的一本精彩「聖經」，是帕斯曼（Don Passman）的《音樂商業，讀這本就夠了》（*All You Need to Know About the Music Business*），此書讓我釐清了音樂產業滿滿的縮寫和複雜的版稅問題。

我當時不知道投過多少履歷，但光是要收到拒絕信都不太容易。我的手因為敲了無數的門而疼痛，我的腦袋也因為沒人願意應門而頭痛不已。

二〇〇六年三月十六日我離開了政府辦公室，那天又是整天討論地方所得稅無聊細節的一天，我決定搭上三十五號公車回家。在那輛公車上，我撿到一份沒人要的《金融時報》（*Financial Times*）。我很少會在愛丁堡的公車上撿起別人丟棄的報紙，但如果是《金融時報》，顯然利大於弊。報紙倒數第二頁標題為〈數位螞蟻搞砸了音樂產業的野餐〉（Digital Ants Wreck the Music Industry's Picnic），這篇評論文章深深了吸引我，文章作者是表演權協會（Performing Right Society）的執行長辛格（Adam Singer）。

賓果！我找到和我想到同樣問題的人了。父親常告訴我，不要害怕主動和人接觸，因為最差也只是別人請你滾蛋罷了。因此，我寫了一封信給辛格，針對文章中的論點提出挑戰。幾天後辛格來電：「請寄給我一份一千字以下的論述，說明你所察覺的問題。我會將你從愛丁堡接到倫敦，這樣我們就可以直接見面，你可以當面說明解決辦法。」

我察覺到我終於敲到一扇半開的門。那天晚上我坐在珊迪貝爾（Sandy Bell）酒吧的椅子上，決定第二天再回覆辛格。珊迪貝爾是一間以播放鄉村音樂聞名的愛丁堡當地酒吧，喜劇演員康諾利（Billy Connolly）所屬的雙人民歌樂團「謙卑樂團」（Humblebums）曾在此表演。我的文章標題為「為什麼紙張並未隨著打字機絕跡」（Why Paper Didn't Die Out Along with the Typewriter）。我發現雖然現在已經沒有人使用打字機，紙張使用量卻越來越多，因此就算人們很快不再使用CD，音樂產業也絲毫不會受影響。如果我有機會和辛格見面，我必定會向他解釋媒介（打字機）和訊息（紙上的字）兩者必須分開看待。我想要提出改變音樂傳播方式的解決方案，來挑戰許多唱衰音樂產業即將沒落的人。我們需要向盜版學習，而非對抗盜版。

就在距離從公車上撿起那份報紙不到兩週後，我坐上前往倫敦國王十字車站的火車，準備到表演權協會辛格的行政辦公室與他見面。離開的前一天，我再次幸運的看到已故的克魯格（Alan Krueger）和康諾利（Marie Connolly）合寫、標題為「搖滾經濟學」（Rockonomics）的研究手稿，內容探討黃牛經濟學。能看到這篇文章真是幸運，火車抵達倫敦時，我為了畫重點已經用掉了兩枝螢光筆。

我和辛格在一間位於組織管理團隊中央、感覺像玻璃屋的地方見面，他整整「拷問」了我兩個小時，探究要如何才能阻止數位螞蟻吃掉他的音樂產業野餐。這段對談使我必須結合經濟學和音樂兩項愛好，從腦海中找出五個學年參加講座學到的知識，並將過去學習的知識應用到當下想要解決的商業問題。

我們的討論內容包含如何設計音樂目錄的定價拍賣——這議題自音樂產業出現百年來從未被探討過；同時也討論如何讓「同捆包」重獲買氣，原因是盜版螞蟻通常會從 iTunes 野餐上精選熱門歌曲，每首僅賣七十九便士（約新台幣三十元），但整張專輯的全餐卻要賣十英鎊（約新台幣四百元）。

探討盜版這個棘手問題時，我提出目前音樂產業採取的許多行動都在自取滅亡。例如，控告消費者或不讓消費者上網。簡直與消費者的習慣背道而馳，而且無法讓數位收入成長。為什麼呢？原因十分清楚，因為消費者無法從網路取得音樂。辛格提出了一項敏銳的觀察，進一步強化了跳脫框架的思考：「如果沒有盜版，代表你的產品沒人在意。」

對於電影業花錢在電影院播放反盜版宣傳，我們也一致感到不解，認為這是個愚蠢決策。向願意購買電影票的消費者傳達負面訊息是一記烏龍球，首先會降低消費者再次消費的意願；再者，來電影院觀影的人並不是盜取電影的人。辛格同意這個大家不願面對的真相，但也十分清楚要說服周圍的其他人實屬困難。

我搭乘五個小時的火車回到愛丁堡，在車上滿腦子想的都是需要解決的問題。隔天，辛格又打電話給我，邀請我擔任表演權學會有史以來第一位經濟學家。在敲了無數扇門之後，總算有一扇門超乎預料的為我敞開。然而，說服人們接受轉型，意味著要告訴他們更多不願面對的真相，而且還要避免在說服過程中遭到解雇。

我運氣真好！不但能保住工作，還能帶給產業新想法，帶領版權產業渡過動盪並走向復甦。現在我想要接觸每個發現被數位破壞性創新鳩占鵲巢的人，幫助他們找到新的解決方案，或者提供新的思考方式。

經濟學早在有經濟學家之前就已經存在

我在書名放上「經濟學」會讓人誤以為，在享受這本書前，需要先有一些這門鬱悶科學（The Dismal Science，第七章會再進一步說明）的背景知識，事實上並非如此。容我清楚聲明：讀這本書完全不需要有任何經濟學背景知識。雖然以我的職業來說這樣的話很不宜，建構完全理性的經濟學理論並不需要任何經濟學家。你所知道的經濟學知識比你所認為的還要多。

我在十幾歲時，因為足球第一次認識了經濟學——並不是球場上有球門的足球，而是美式足球。當時英國電視台做出一個大膽決定：在週日晚上提早播出上一週的美式足球精彩片段。因為播出時段不算太晚，所以爸媽允許我收看。我對比賽深深著迷。

我突然發現了一項全新運動。因為美式足球擁有足球和英式足球所沒有的特性，比賽是一段一段進行，中間有很多暫停時間，可以分開計算，讓我無意間沉浸在統計學中——這就是我成為經濟學家的關鍵原因。回顧當時，我並不清楚機率理論，但我依然熱衷於計算四分衛在面臨不同局面時的戰術選擇。當時我不懂什麼是關鍵績效指標（KPI），但我就已經十分好奇，為什麼教練認為跑衛進攻了六碼比外接手進攻了六碼更有價值。

我可能會拼錯「asymmetries」這個字，但我卻知道多幾秒決策時間的普通四分衛，會比沒有任何決策時間的明星四分衛表現更好。也因為這個原因，負責幫四分衛爭取更多時間的截鋒，是球隊中薪資第二高的位置。

我給自己一項任務，要找出哪支美式足球隊伍擁有最多粉絲。我未經訓練的經濟學腦袋開始閱讀資料，包含球場容量、城市人數、各城市隊伍總數，甚至各球隊擁有的球場數量。洛杉磯侵略者隊（LA Raiders，現在的拉斯維加斯侵略者隊）可能擁有數一數二的大球場，但洛杉磯是美國數一數二的大城，同時還有第二支隊伍，我需要將此因素納入考量。我的求知慾促使我寫了公開信給一家主流體育雜誌，要求他們提供所有解決問題所需的資料，包含城市人口、各城市隊伍總數、球場容量等。

如果你要比較兩個不同的經濟體規模，就會將經濟數據除以人口數，得到「人均」（per capita）資料後進行比較。雖然當時我還不知道什麼是標準化，但所做的就是資料標準化處理。

讀這本書你只需要應用一些基本知識。我學習經濟學時，主要都是利用基本知識延伸學習。我的父親是名數學老師，他早在我十一歲時就傳授我如何教導別人經濟學，那時候我根本都還沒有機會學習經濟學。父親常說：「看著你的聽眾，找到全場最提不起勁的那個人，集中精力向他傳授經濟學知識，其他人自然會一起參與。」他最基本的信念是，**最需要學經濟學的人有以下特質：**

(1)不認為自己能了解經濟學

(2)不想要了解經濟學

(3)但需要了解經濟學

這並不是一本給經濟學家閱讀的經濟書籍，也不是一本提供音樂產業愛好者閱讀的音樂商業書籍——當然這兩種人也會喜歡這本書。本書適合所有感覺自己的產業正面臨挑戰，想要利用新方法找尋解決方案的人。不幸的是，因為 COVID-19 疫情的緣故，所有人都符合上述條件，我們都處在產業困境之中。

橫向思考而不是直向思考

當我還穿著正式服裝在政府部門工作時，每位員工都會領到一本稱做「綠皮書」（Green Book）的聖經，這本書教導我們如何思考——我是認真的！書中明確指示如何建構成本效益分析，甚至規定完成計算的具體數值。面對重大投資決策時，綠皮書會告訴你是否應該繼續投資。綠皮書不僅僅提供了架構，而且框住了思想；不僅僅指引結構性思考，而是將一件緊身衣套到你身上。但綠皮書讓我學會了寶貴的一課。

例如，我們會概略計算投資全新公共游泳池的成本效益。架構會指導我們計算前置成本和營運成本，然後估算每項收益價值，包含稅收收益、創造的工作機會，以及建設游泳池所帶來的經濟活動。我們的任務是在試算表上建構模型，然後詳細檢視資料，確認效益是否大於成本，然後才開始動工。

當時，我意識到重新建構問題十分重要，如此才能解決更廣泛的問題，並且得到更好的答案。投資游泳池的效益是可以讓人們更健康，這個目標遠遠勝過游泳池創造的工作機會或產生的稅收收益。運動量更充足的大眾，有助於減少國民保健署（ＮＨＳ）的潛在成本，因此花錢建設游泳池（成本表其中一欄資料）可以協助減少國民保健署成本（另一欄資料）。然而，衛生及社會關懷部（Department of Health and Social Care，ＤＨＳＣ）無法控制體育預算，因此不會把這個問題列入考量架構中；數位文化媒體暨體育部（Department for Digital, Culture, Media and Sport，ＤＣＭＳ）則無法控制健康預算，因此也不需要思考答案。兩個部門，也就是試算表中不同的兩欄，就像夜晚的船隻擦身而過般毫無交集。這個教訓讓我久久難忘，因為隨處都能看到類似問題。尤其在藝術領域又特別明顯，長期以來藝術產業都難以向政府會計官員說明自身價值。為什麼要投資博物館呢？因為博物館能激發我們的學習熱情，並非因為賺取的門票收入可以負擔成本。為什麼要投資國小學童的音樂教育呢？因為音樂教育可以提高學生進入中學後的數學成績。為什麼要投資藝術呢？因為藝術能夠提高民主參與，並不只是讓人們一屁股坐在政府出資的電影院中——你研究得越仔細，就會發現所有相鄰欄位間的關係其實密不可分。

本書首先呈現音樂產業在遭受衝擊的最初十年間緊抓著舊藤蔓不放，然後在第二個十年伸手抓住新藤蔓盪向成功。現在每個面臨數位破壞性創新的產業，都忌妒的盯著音樂產業。本書將指導你做好準備，從舊藤蔓盪向新藤蔓。

《泰山經濟學》不想使用聳動標題吸引讀者目光，例如「改變人生的一條規則」——我們都知道這一條規則並不存在，而且每個人都是不同的個體。書中提供八項原則，而非一條規則，並且注意到不同人需要應用不同規則。本書將使用 Spotify 即將上市時，我創造出的一組詞彙來做結論——「創建者和經營者」（builders and farmers），藉此說明這本書對不同的人而言有不同的意義。創建者負責創造，經營者則負責擴張，雙方都無法取代對方的工作。閱讀本書後，你將應用八項原則並借助破壞性創新來轉型，你將更能意識到自己的狀況，你能夠比任何你所幫助的個人、組織或機構更快轉型。

我在撰寫本書時，許多潛在的出版商建議每項原則都可以單獨成書。這個手法大家都很熟悉：找到一個想法，然後延伸為兩百頁的書籍。但我無法接受，因為我相信讀者一定也無法接受。我參考了從只靠一首歌走紅的高堤耶和穩定產出熱門歌曲的拉娜·德芮身上學到的教訓，決定寫一本讀者會讀完所有章節，而非只讀其中一個章節的書籍！我們之後會討論到，注意力十分有限，如果作者浪費時間「炒冷飯」，讀者很快就會察覺。隨著注意力越來越稀缺，越來越多炒冷飯類型的書籍被封存在書店倉庫。但這本書不一樣，本書提供八項能獨立存在的精彩原則，原則間交織互補，皆是為了幫助你實際應用原則，每項原則都是一時之選，而非濫竽充數。

本書將幫助你評估處境，教你詢問關於人生、組織和政府部門的關鍵問題，提出你所面臨的挑戰，提供你解決方案，讓你知道何時該跳向另一條藤蔓，並且選到正確的下一條藤蔓。閱讀完三百多頁書籍後，你將會意識到科技破壞性創新有多麼快速，而現狀又是多麼不穩定，就像騎腳踏車一樣，如果不繼續向前就會倒下。

我們出發吧！

章節附註

1 艾克特（Allana Akhtar）與海登（Joey Hadden），〈大學畢業生薪資最高的二十五種入門工作〉（The 25 highest- paying entry- level jobs for college grads），「商業內幕」（*Business Insider*）網站，二〇二〇年六月。

第一章　泰山經濟學

來場一九九九年的狂歡派對

ＣＤ在二十年前銷售量來到巔峰，價格也來到史上最高，唱片業的主管可以用天秤稱出利潤——這並不只是比喻，唱片公司通常會根據重量買賣ＣＤ，而非根據實際的音樂內容。人們對塑膠盒中的ＣＤ需求量極為龐大，完全可以預測出利潤。每賣出的一堆ＣＤ，都能計算出對應的營收和利潤。

成堆賣出的ＣＤ無法記錄下任何實際收聽資訊。唱片公司不在意ＣＤ中的音樂是一時之選還是濫竽充數，只在意賣出的ＣＤ重量有多少。雖然大家常肆意嘲笑當時的商業模式，但ＣＤ時代音樂產業的銷售金額之高，時至今日依然無法超越。全球音樂產業市值在二〇〇〇年達到接近兩百五十億美元；二十年後的今天，唱片音樂產業的市值僅略超過當時的十分之一，而且還沒有納入通膨因素。

二〇〇八年出版的黑色幽默小說《星光殺機》（*Kill Your Friends*）就帶你進入CD正值顛峰的一九九〇年代，探索一名自負星探的內心世界。小說中有段劇情描述大型唱片公司製作部（A&R）經理如何回答：「你喜歡什麼音樂？」。作者將此問題比喻為詢問一名套利者「喜歡什麼商品？」或者詢問一名投資銀行家「喜歡什麼貨幣？」。音樂產業當時達到巔峰，但很快的就發現前方路途艱辛。音樂產業可能知道自身的產值（或者至少賣出多少重量的CD），但絕對沒想到即將面臨的損失。

為了了解為什麼舊藤蔓那麼難以放開，以及為什麼現在人們依然懷念那段時光，我們需要弄清楚當時的美好時光多麼過分瘋狂，重點在於「過分」二字。在那個時代，唱片公司主管會搭直升機去轉乘私人飛機。當時的分析師使用一張簡單的長條圖，向我直言不諱的說明：「你給我比這條還要長的另一條，我就有辦法賣得出去。」過分瘋狂，是因為實體CD商品的稀缺性，實體CD不像數位檔案能無限複製，加上唱片公司完全能夠控制供給量；此外，還撒上了恐懼和貪婪搭配大量古柯鹼。我永遠忘不了「彎過頭就直了」（so bent it's straight，表示一件事當業界都這麼做，大家就習以為常了）這種說法，這句話完全可以說明，為什麼舊藤蔓如此難以放開。以下是我選出三項最具代表性的騙局，能讓你了解為什麼這種過分瘋狂不只應用在音樂產業上。

習以為常的打歌費

第一個騙局是打歌費，唱片公司會支付打歌費給「獨立電台宣傳」（independent radio promoter），以便藉由推廣人的協助，讓電台播放唱片公司的新歌，藉此吸引大眾注意並獲得銷售佳績。獨立電台宣傳的「獨立」非常重要，獨立電台宣傳（全部都是男性）並不是唱片公司或廣播電台的員工，在雙向談判中，宣傳者可以自由選擇誰是第一順位的合夥伴。打歌費的英文「payola」與人們所認知的「拿錢疏通」的意義不同，宣傳者是先選擇廣播電台，詢問電台是否願意大量播放某張即將發行的熱門唱片。宣傳者想聽到電台的回應是：「當然，我們很喜歡那張專輯，發行後整天播放也沒問題。」

接下來，宣傳者會前往唱片公司，賣出這個電台播放機會：「如果公司拿出兩萬美元，我就有辦法讓當地最大的廣播電台大量播放這張唱片。」其實即使沒有宣傳者介入，即將發行的歌曲依然會在電台節目中播放，但因為宣傳者了解電台的播放計畫，讓他得以利用唱片公司的資訊落差牟利。唱片公司付錢給獨立宣傳者，電台也因為出售內部消息而獲得豐厚回扣，音樂播出後也不會出現人們以為打歌會造成的市場扭曲。主要差別就只是，唱片公司額外付錢購買電台原本就打算播放歌曲的播放權。

習以為常的排行榜

第二個騙局稱為「排行榜炒作」（chart-hyping），這是一種唱片公司的宣傳技術，藉由炒作讓歌曲進到排行榜前四十名。歌曲位在排行榜四十一名和四十名的差距，遠比四十名和三十九名的差距大得多。只要能進入排行榜，這股動能就會帶著銷售量往上衝。一名唱片公司主管的名言就是：最重要的交通工具就是「樂隊花車」*，因為每個人都想搭上車！排行榜讓更多人看見熱門音樂，因此讓熱門音樂更熱門。

在銷售點系統（point-of- sale systems）提供大眾購買歌曲的整體資料前，排行榜公司負責處理不完全資訊，它們需請求選定的零售商回報唱片銷售狀況，並從中調查結果，推斷熱門歌曲。遺憾的是，電視和廣播的收視、收聽率，至今依然採用類似的推斷技術。

唱片公司如果要炒作某首歌曲進入排行榜，只需要知道排行榜公司調查哪幾間店家，然後派假消費者購買多張唱片來推升銷售量。更棒的是，這些假消費者，往往和少數選中具影響力的零售商有著密切關係，宣傳人員會提供零售商免費商品或度假贊助來換取合作。只要在記帳本上寫下一筆銷售紀錄，就能影響排行榜排名。只要歌曲上了排行榜，就能獲得宣傳動能，讓投資獲得豐厚報酬。

習以為常的認證規則

第三個扭曲行為就是「認證」。專輯如果銷售量達到五十萬張或一百萬張，會分別獲頒黃金唱片和白金唱片的殊榮。如果要了解認證過程如何遭到扭曲，則需認清「出貨量」（唱片公司出貨給零售商）和「銷售量」（消費者購買唱片）的不同：認證根據的是出貨量而非銷售量。未售出的唱片會退貨給唱片公司，零售商不會有任何損失。導致過度出貨的潛在原因，就是因為零售商享有「賣不掉的都可以退貨」的權利。如果唱片公司詢問零售商：「你需要多少『槍與玫瑰』（Guns N' Roses，美國搖滾樂團）的專輯？」零售商會回答：「你可以給我多少？」因為對零售商而言，能拿到的專輯越多越好。

同時，唱片公司主管也是根據出貨量而非銷售量決定獎金多寡。如果唱片公司生產並出貨百萬張新專輯，專輯就能獲得白金唱片認證，主管相當於中了大獎。如果唱片滯銷（英文稱為「stiff」），零售商退了五十萬張專輯，這當然會影響唱片公司的財務，但白金唱片認證或主管獎金則不會受到任何影響。這就是「出白金，退黃金」（ship platinum, return gold）這個說法的由來。

＊譯注：bandwagon，隱含「流行、熱門」的意思。

以上是我從眾多音樂商業騙局中選出最具代表性的三種，我還能說出上百種，而且這類型的騙局還不只出現在音樂產業。政治說客也有他們的一套賄賂模式，說客從富有的贊助人手上拿到現金，並且以特別引薦贊助人與政治人物接觸做為交換，但事實上贊助人根本無需透過說客，便能與該名政治人物見面。金融交易者也一直都在炒作屬於他們的排行榜，金融交易者知道什麼時候要做多一支即將進入英國富時一百指數（FTSE 100）或道瓊工業平均指數（Dow Jones Industrial Average）的股票，並且在股票即將下跌時轉為做空。只注重季度營收的公司董事，會設計獨特認證系統來決定主管薪資。如果設定容易達成的短期目標，就可能會在發放獎金後造成長期資金問題。

音樂產業是各產業優劣行為的縮影。音樂產業之所以能操弄自身系統，是因為控制了市場、群眾、以及最重要的——版權。版權的意思就是控制複製品的權利。

一九九九年六月，音樂產業和消費者注意到 Napster 的存在後，上述權利戛然而止。突然間，數百萬音樂聽眾發現，他們可以使用最新的ＭＰ3格式交換音樂檔案。如果你的網路連線速度夠快，Napster 可以讓你不花半毛錢就能在短短幾秒內下載任何流行音樂。Napster 推出後不到十個月，已經擁有超過一千萬名使用者，並且還催生許多模仿者。

唱片公司並沒有像《經濟學人》所建議的「全心全意擁抱網際網路」，反而開始了抵抗網路破壞性創新的漫長十年，同時也拒絕網路可能帶來的機會。唱片公司並沒有給予 Napster 這類流行數位模式授權，讓它們能夠合法經營，相反的，它們提出訴訟對抗。唱片公司害怕這些數位模式會擾亂它們從成堆ＣＤ中賺取源源不斷的收入。

一九九九年年底，美國唱片業協會（Recording Industry Association of America, ＲＩＡＡ）代表美國的唱片公司成功控告 Napster，它們聲稱 Napster 促使盜版音樂以前所未有的規模滋長。ＲＩＡＡ也於二〇〇二年控告非法檔案分享網站 Madster（前身為 Aimster）；米高梅公司（Metro-Goldwyn-Mayer Studios Inc., ＭＧＭ）則在隔年控告另一家檔案分享網站 Grokster；ＲＩＡＡ唱片公司隨後又控告 LimeWire 的開發人員——這是一場打地鼠式的法律行動，而且新的地鼠還不斷冒出來。唱片公司花費許多心力和金錢，聘請許多律師和遊說人士，企圖擊垮這些檔案分享網站，卻衍生出額外副作用：越來越多消費者得知，這些檔案分享網站提供不可思議的「免費午餐」服務。二〇〇六年，美國電影協會（Motion Picture Association of America, ＭＰＡＡ）在瑞典對成立於當地的ＢＴ種子伺服器海盜灣（The Pirate Bay）宣戰，此舉造成媒體強烈反彈，也因而啟發了紀錄片《現實生活中的海盜灣》（*TPB AFK: The Pirate Bay Away From Keyboard*）的拍攝。

就在非法串流服務打地鼠大戰上演的同時，二〇〇四年，ＲＩＡＡ發起了最具爭議的策略行動：控告個人消費者。截至二〇〇七年春天，ＲＩＡＡ坦承已有超過一萬八千人遭協會的會員公司提告；根據新聞報導，截至二〇〇七年十月為止，至少有三萬人遭起訴。如果說法律途徑在這場無法獲勝的戰鬥中屢屢敗退，那麼破壞公眾關係只會讓戰事輸得更慘。

美國唱片業自二〇〇四年起改變策略，從控告青少年轉為與青少年拉近關係。唱片業與蘋果公司（Apple）、百事可樂（Pepsi）合作，在新推出的 iTunes 服務上，提供一億組免費下載兌換碼，只要購買一瓶好喝的百事可樂，就能獲得一組兌換碼。電視廣告的背景音樂是美國搖滾樂團年輕歲月（Green Day）最紅的翻唱曲〈我反抗了法律〉（I Fought the Law），原曲由柯蒂斯（Sonny Curtis）編寫，並由柯蒂斯所屬的蟋蟀樂團（The Crickets）演奏，包含衝擊樂團（The Clash）在內的許多樂團都翻唱過這首歌曲。廣告以一名非法分享音樂檔案遭起訴年輕人的特寫長鏡頭聞名，並以犯罪風格字體書寫「已定罪」、「遭控告」、「被逮捕」等字樣。廣告想讓電視機前的口渴青少年知道：這些年輕人違法，而且遭到法律制裁。

廣告最後是一名年輕女孩坐在蘋果筆電前，告訴大家她就是其中一名遭起訴從網路下載音樂的年輕人。她向後一靠，自信的說：「我要大聲宣布，我們仍然繼續從網路免費下載音樂，但現在沒有人能拿我們怎麼樣。」在女孩的笑聲中，廣告結束了——差異之處就在於，過去她竊取音樂，但現在則是合法下載音樂。

唱片業想要用免費來對抗免費。百事可樂從 iTunes Store 上贈送合法音樂，但下載兌換碼的活動卻有所蹊蹺：音樂或許能免費取得，但百事可樂要付錢購買。唱片公司試圖利用含糖汽水這項低價促銷的商品，拯救沉沒在盜版中的版權，但促銷活動並沒有增加百事可樂的銷售量。原因並不是年輕人不想要免費音樂，而是不買百事可樂一樣可以拿到免費音樂。

年輕人用了點小聰明。他們只要走進雜貨店中，從冰箱中拿出一瓶可樂，對著燈光，就能看見瓶蓋下的兌換碼，記下來後就能免費獲得音樂，不需要花錢購買百事可樂，也不需傷害自己的牙齒。正如廣告中的青少年所說的，他們仍然繼續從網路免費下載音樂，而且沒有人能拿他們怎麼樣，就算是飲料業也無可奈何。

消費者想要的很明確，就是能輕鬆無阻取得數位音樂。已經絞盡腦汁的音樂產業想對抗消費者的需求，卻產生了糟糕的結果。每次主管想到對抗數位破壞性創新的新方法時，最終都是搬石頭砸自己的腳。檔案分享已經成為一種大規模產業，但對於這類免費商品，當時市場還沒有出現可行的商業模式。對其他創意產業來說，這是一場數位大混亂，創意產業害怕數位破壞性創新滲透擴散，並且侵蝕掉它們的收入。創意產業的擔憂不無道理，隨著網際網路傳輸流量越來越大，能夠傳送的檔案大小也隨之增加。高解析度的音訊、電視節目和電影將是下一個受傷的產業。

這就像一場拔河，消費者想要毫無阻礙的收聽世界上所有音樂，但音樂產業卻想要持續掌握、控制。消費者欣喜的盪向能夠更快速、更便宜、更清楚、更時髦的收聽全球音樂的數位藤蔓，但音樂產業卻緊緊抓住舊藤蔓，竭盡所能拒絕加入數位的行列。

音樂產業不但沒有抓住新機會的藤蔓，反而加倍抵抗，讓情況越來越糟。盜版失去控制，唱片音樂營收也直線下滑。更雪上加霜的是，音樂產業選擇對消費者發動攻擊，造成公眾關係破裂。某些遭到ＲＩＡＡ控告的消費者，本身經濟上已經非常困難，從消費者身上獲得的賠償金，也僅僅為負責訴訟的律師事務所帶來利潤。以旁觀者的角度來看，唱片公司對消費者提告並無法獲得大眾支持，只會讓願意相信唱片公司的人越來越少。音樂產業已經陷入泥淖，花數百萬美元提告，損失數十億營收，結果還無法得到大眾支持，把自己搞得灰頭土臉。

我正是在這個混亂時期嘗試進入音樂產業。我敲過了我找得到的每一扇門，試試這個看似由律師經營的產業，願不願意雇用經濟學家。最終結果十分慘烈，了解為什麼唱片公司不願雇用經濟學家的過程，也極為痛苦難熬。

我第一次工作面試來到一家大型唱片公司，唱片公司與一家知名硬體設備製造公司屬於同一個公司結構。我抵達接待處時，看到那家硬體設備製造公司的廣告海報高掛在我面前，推銷的筆電和競爭者蘋果電腦功能類似：翻錄、混合和燒錄音樂。

我搭乘電梯前往三十四樓，與這間巨型企業的音樂部門見面。只有我一個人，一位厭倦等待且希望自己能創造合適工作機會的經濟學家，獨自面對三位清楚了解音樂產業正快速輸掉每場法律戰的律師。當時我心想，這場對談一定很有趣。

他們首先問我，我認為公司所面臨最大的挑戰是什麼。我的思緒搭乘電梯，回到在接待處歡迎我的那張廣告海報上。我回答：「公司面臨最大的挑戰就是自家的筆電。」我已經十分小心不要踩到紅線，繼續說：「你們最新的筆電主打的最新功能是翻錄、混合和燒錄，但是你們卻控告消費者翻錄、混合和燒錄。」那場面試就結束了。

我這位抱負滿滿的「搖滾經濟學家」，學到的第一堂課就是指出不願面對的真相需要付出代價。天真的公司忽略自己硬體行銷活動所推廣的功能，正與控告消費者的盜版行為完全相同；我也學到，要和潛在雇主展開對話還有更好的方法。這件事同時也讓我認識到唱片音樂產業正陷入多大的混亂。

我很快就意識到，如果我終於闖進了其中一扇門，我的工作將會是處理不願面對的真相。我如果要在逆流下創造屬於自己的理想工作，則需要一張能夠當作王牌的論證。回到蘇格蘭後，我在一堆談論傳統媒體經濟學的陳舊書籍中，找到了這張王牌，內容是洛杉磯BigChampagne公司的採訪，編排得很差。我從這家公司所做的研究發現，雖然我一直找不到一份經濟學家的工作，但媒體產業其實非常需要經濟學的幫助。

BigChampagne 估測了各種數據，包含傳統排行榜、數位串流，甚至非法檔案分享活動。這些讓我印象深刻，但更讓我驚訝的是這些資料要銷售的對象。BigChampagne 部分客戶是大型唱片公司的宣傳部門，雖然唱片公司聘用律師控告盜版，想將盜版消滅殆盡，但同時也付錢買下 BigChampagne 調查的盜版行為資料。宣傳部門不但不與法律部門交流，還認為律師部門收錢控告的行為十分有價值。BigChampagne 共同創辦人暨執行長加蘭（Eric Garland）常說：「凡是流行的地方就會有流行商品。」也就是如果一首歌曲在非法檔案分享網站爆紅，在 iTunes 之類的合法網站也同樣會成為熱門歌曲，反之亦然。BigChampagne 先找出隱藏在最新數位 P2P 平台的流行音樂，讓合法網站利用這些音樂吸引更多消費者上門。因為我需要證據證明音樂產業必須雇用經濟學家，我現在終於找到了。

泰山經濟學清楚提出：控告非法分享檔案的消費者或許是個好主意，但完全相反的作法可能也會是個好主意——本書之後的章節將會深入探討。以上述例子來說，利用盜版行動所產生的資料來宣傳歌手，可能會是個成功的策略。如果同一家唱片公司的法律部門和宣傳部門互相溝通，就能發現上述策略——但如果它們做得到，就不需要雇用經濟學家了。

得知有公司願意整理音樂盜版資料，而且唱片公司還願意買單使用這些資料，讓我想起人們對於犯罪統計數據增加的反應，通常有三種不同看法：多數人會說犯罪人數正在上升；少數人會注意到統計數據增加，可能是因為回報犯罪的方式有所改善；或者更好的狀況是，犯罪者被抓到的比例提高。極少數人會「閱讀小字」，確認在資料調查期間，犯罪的定義是否有所改變。BigChampagne 測量的盜版數據導致兩種不同的看法：如果某位歌手的盜版音樂分享量不斷增加，法律部門會十分擔心智慧財產權遭到盜取；但同時，宣傳部門則會得知它們手上掌握了一首熱門歌曲。

Napster 推出十年後，音樂產業陷入了絕望。據估計，每一次合法下載都隱含著四十次非法下載。打擊盜版的努力顯然弊大於利。音樂產業花費十年時間試圖迫使問題消失，但卻只讓問題越來越大。音樂產業勢必要放棄一些東西。在某個時間點，音樂產業必須放棄舊商業模式並抓住新商業模式，或者像《經濟學人》十年前所建議的，「全心全意擁抱網際網路」。

這就是泰山經濟學更廣泛應用在真正發揮的地方。泰山經濟學能夠做為一個架構，引導我們從陷入深淵轉為積極行動，主動推動破壞性創新，而非讓破壞性創新緊逼我們。產業科技學家葛里芬在二〇〇九年提到：「我們緊緊抓住這條藤蔓，讓我們能離開叢林地面……關鍵在於找出何時該放開手上的藤蔓，然後抓住新藤蔓。」音樂產業拚命抓緊舊藤蔓，而且還不願意盪到新藤蔓。音樂產業尚未準備好，將其視為犯罪的行為轉化為賺錢的手段。

這些事件的根源，來自於人們不清楚販售成堆的音樂CD的價值。從無數例子中都可以看出，我們時常難以界定買賣商品的性質。我提出一個格外簡單的架構，用來協助評估商品價值，這個架構能夠揭露交易商品的真實性質。

架構聚焦在四種不同類型的商品：公共財（public good）、私有財（private good）、共有財（common pool good）和收費財／俱樂部財[1]（toll good/club good）。「私有財」需符合兩個條件。首先，商品具有排他性（excludable），意指商品擁有者可以排除其他人使用商品，例如建造柵欄；或者法律可以建立商品可強制執行的財產權，藉此建造法律圍牆，例如將竊盜視為犯罪。第二，消費商品具有獨享性或稀缺性（rivalrous/scarce）；這表示如果有一名消費者使用了該商品，其他人就無法使用。餐廳的餐點就是一種私有財，你只能按餐廳規定購買餐點（排他性），而且如果我點了這份餐點，其他人就吃不到了（獨享性）。

「公共財」則恰好相反，公共財不具排他性和獨享性，國防就是一個很好的例子。如果國家受到國防保護不至於遭他國入侵，你很難排除任何國民在國防保護之外。而且我獲得強大國防的保護，並不會影響你獲得同樣保護的權利。政府介入市場的其中一個正當理由，就是提供公共財，因為自由市場往往無法提供這類商品。公共財不具排他性和獨享性，因此不會有人願意付錢購買公共財。

雖然音樂和電影產業的反盜版宣傳，試圖將盜版連結到竊盜，但智慧財產權並非純粹的私有財。法律可以為資訊商品創造排他性，但資訊商品並不具有獨享性——我下載了一個MP3檔案，並不會影響到你下載相同的檔案。我們該如何區分音樂這類可強制執行但並無獨享性的商品呢？

如果限制收費財的使用權，則可以從消費者身上賺取商品創造的價值。高速公路收費就是個很好的例子，這項商品不具獨享性，但具有排他性。在交通順暢的情況下，每個人都可以使用高速公路而不會影響其他人使用，但政府可以限制高速公路的使用權。

你可能會注意到下面表格的中還有一角沒有談到，也就是非排他性但具獨享性的商品，稱作「共有財」。比方說無法實施捕撈限制或實施成本太高，則海中魚群就可以視為一種共有財。共有財常常連結到「共有財悲劇」（tragedy of the commons），像是因為魚群之類的資源取得未受限制，最終往往會因為過度開發導致資源耗盡。共有財悲劇的現象是因為開發利益歸個人所有，但開發成本卻是由所有開發人一起分擔。目前人類面臨的氣候危機就是共有財的最佳實例。

公共財、私有財、收費財和共有財

	排他性	非排他性
獨享性	**私有財** 例如：食物、衣服、家具	**共有財** 例如：海中的魚
非獨享性	**收費財或俱樂部財** 例如：橋梁、收費道路	**公共財** 例如：國防

資料來源：作者整理

這個矩陣凸顯出不斷挑戰媒體產業、三大不願面對的真相中的第一個：數位內容不具獨享性，而且未來無論ＭＰ３檔案變得多便宜，依然不具有獨享性。版權法賦予每個人權利，防止他人複製自己的著作，但無法阻止他人使用書籍資訊，閱讀書籍內容並不具備獨享性。

第二個不願面對的真相，就是唱片音樂逐漸喪失排他性。舉例來說，iTunes 整整花了三年時間才賣出十億首歌曲，但根據 BigChampagne 估計，同一段期間，每個月約有十億首歌曲在Ｐ２Ｐ網路上流傳。

第三個不願面對的真相是，音樂產業不再堅持同捆銷售，它們授權蘋果 iTunes 模式，讓消費者可以自行挑選幾首歌曲，每首賣七十九便士（約新台幣三十元），再也不必支付高達九・九九英鎊（約新台幣三百五十元）買整張專輯。上述作法的影響眾所皆知，但大家不知道的是，這樣的銷售手法本來不應該出現。原本的 iTunes 授權協議是以小眾蘋果使用者為基礎的控制實驗。但二〇〇三年十月，當賈伯斯（Steve Jobs），在大部分人使用的 Windows 個人電腦上推出 iTunes 後，市場為之震驚。賈伯斯後來形容這是：「就像給地獄中的人一杯冰水。」唱片公司因此意識到，取消綑綁銷售早已成為主流。

適應數位發行的過程中，音樂產業面臨一個明確的挑戰：在流通檔案既不具排他性、也沒有獨享性的前提下，如何在P2P網路上盜版猖狂的環境中賺取營收？如前面所提到，數位破壞性創新入侵的前十年中，唱片業想要抓緊傳統商業模型的舊藤蔓，試圖解決這個問題，唱片業相信自己可以在這些全新的數位市場中，創造某種排他性和獨享性。

我們接著利用矩陣觀察，數位發行如何改變音樂商品在市場中的性質。數位平台尚未出現之前，消費者只有兩種選項，第一種是付錢購買實體CD或演唱會門票，第二種是參加免費公開的表演，但能夠參加的人數受到場地空間限制。數位發行開放了兩種非獨享性選項：獲得授權的合法下載和P2P平台流傳的MP3檔案。

這為音樂產業帶來了麻煩。對消費者來說，非法的P2P平台能夠免費下載所有音樂，音樂具有非排他性和非獨享性；相對來說，合法途徑則需要付費才能有限制存取檔案，而且可轉讓價值極其有限。行銷部門實在難以說服消費者使用合法平台！

我們再重新複習一次先前提到的架構，以呈現版權無法控制複製品後的狀況：

公共財、私有財、收費財和共有財

	排他性	非排他性
獨享性	**實體CD或演唱會門票** 店裡警衛會強迫你付錢	**免費露天演唱會** 由於人滿為患，有被取消的風險
非獨享性	**數位音樂檔案** 無法轉讓 數位權利 數位版權管理（DRM）檔案	**P2P平台流傳的MP3檔案** 不受限制且可轉讓

資料來源：作者

音樂產業需要想辦法，讓音樂脫離公共財狀態，因為如果不需要付費就能使用商品，市場通常都會崩解。然而，音樂產業也必須放棄音樂重歸私有財的想法，因為稀缺性已經永遠消失了。音樂產業已經無法再以純粹私有財方式銷售實體商品，它們不得不接受市場需要重新創造的事實，並且對不再具有稀缺性的內容收取存取費用。

Spotify 確實做到了。Spotify 重新推出九．九九英鎊（約新台幣三七五元）的同捆包，提供消費者自由選擇音樂的「選擇價值」，而非提供實體商品。這讓唱片業脫離了實體CD銷售，轉向更精細的選擇與風險模型。同捆包的價值不是來自商品本身，而是購買後可以自由選擇音樂內容的權力。這個簡單架構直到今天仍和當時一樣強大，不僅顯示音樂產業必須有所犧牲，同時音樂商品市場也產生不可逆的改變，而且還告訴我們音樂產業如何重新定位自身，來面對數位破壞性創新的挑戰。

這是唱片音樂史上最大的轉變。我們還可以更深入了解為什麼會有這樣的改變，更重要的是，「何時」開始發生改變。若要了解 Spotify 和串流的突破，首先要了解音樂這門生意和其他產業看待市場的核心概念，是一個有嚴重缺陷且難聽的縮寫：ARPU。

ARPU 指的是使用者平均營收貢獻值（Average Revenue Per User），用來簡單評估公司客戶所貢獻的收入。音樂產業用 ARPU 呈現一段時間內平均每位唱片消費者花多少錢購買CD——聽起來很簡單，但是 ARPU 指標所產生的問題幾乎和解決的問題一樣多。對音樂產業來說，數位破壞性創新最初十年造成重大傷害的其中一個原因，就是音樂產業並未正確理解自身的 ARPU，此後無數企業和機構也都犯了相同錯誤。

唱片產業害怕轉型成為數位音樂的關鍵，就是擔心數位發行會競食掉現有的ＣＤ和下載銷售收入。所有權的舊藤蔓可能正在逐漸枯萎，但現在產生的 ARPU，還是比新藤蔓存取方式預期產生的 ARPU 還要高。如果你需要抓住的新藤蔓帶來的營收數字比較差，你怎麼可能會考慮放棄現有利益呢？

當唱片公司開始嘗試推出 Napster 合法替代品但慘遭失敗後，恐懼開始蔓延。PressPlay 和 Sony Connect 這類網站（由數家主要唱片公司組成的聯合集團）在消費者的印象中，仍然是有史以來最糟糕的網站。隨後，唱片公司每一次和Ｐ２Ｐ網站競爭的失敗，都進一步加深恐懼。計算傳統的 ARPU，並沒有賦予唱片公司向前躍進所需的信心。

唱片公司的心態轉趨保守，寧可守住剩下願意花大錢買唱片的消費者（有時會稱這些人為「每月五十英鎊客人」（£50-a-month man）），遠勝過押注他們會願意每年花一二〇英鎊（約新台幣四千五百元）訂閱 Spotify 的「吃到飽」服務。音樂串流平台「收費財」（toll good）模型的批評者激烈爭論，放棄音樂「私有財」的地位，意味著將唱片消費者轉為串流使用者，會迫使唱片公司將類比收入轉為數位收入。

這類恐懼源自於對音樂消費者的定義。「每月五十英鎊客人」的平均消費額看似大過訂閱模型，但卻隱藏了一個重要事實：雖然計算那些仍在購買唱片的消費者，ARPU 很高，但購買唱片的消費者總人數正在快速下滑。

美國唱片消費者和平均消費額

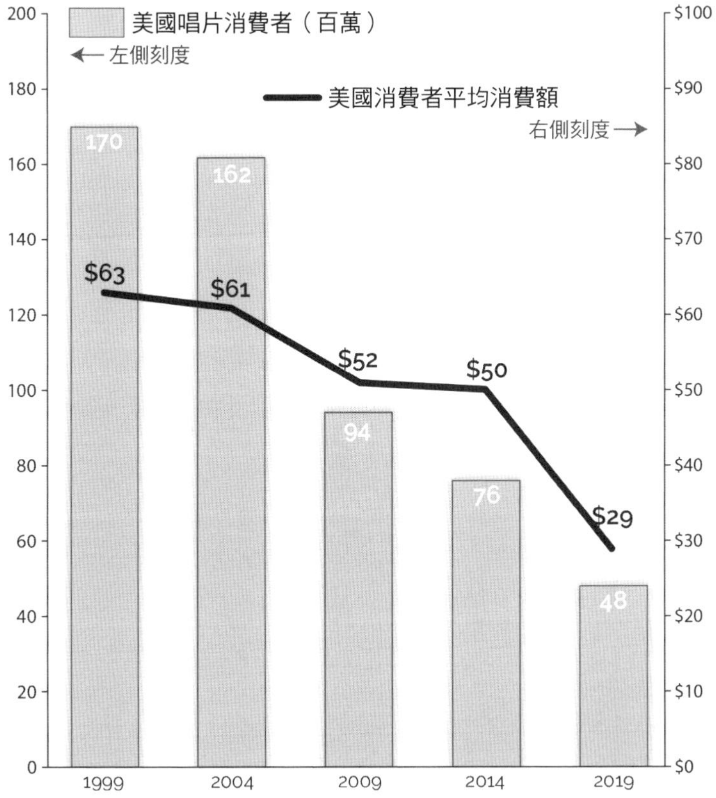

資料來源：MusicWatch 公司

極具公信力的顧問公司 MusicWatch 在破壞性創新入侵的二十年間，追蹤了美國關鍵指標的發展（英國的狀況也十分類似）。從音樂產業這段時間的 ARPU，可以推論出音樂產業抓住所有權舊藤蔓的力量有多麼頑強。

一九九九年 Napster 剛推出時，有超過一億七千萬美國人購買ＣＤ，每人每年平均消費六十三美元。雖然個別消費者的消費金額各異，但驚人的事實是，十三歲以上的人幾乎都買過ＣＤ，對數據產生貢獻。隨後十年，因為 Napster 和其他Ｐ２Ｐ網站興起，音樂從私有財轉變為公共財。唱片公司開始控告消費者後，無意間提高非法Ｐ２Ｐ平台的曝光度，使得ＣＤ購買人數和唱片營收大幅下滑。購買唱片的美國人口比例減少超過四〇％，也就是剩下不到一億人，每人平均消費額也減少到五十二美元，比二〇〇〇年巔峰時期整整少了二〇％，這個金額還不到每年價格一二〇美元訂閱模型所產生的 ARPU 的一半。多數美國成年人都已經不再購買ＣＤ。擔心數位發行競食ＣＤ銷售收入越來越沒道理，因為不存在的收入無法競食。[2]

當大多數消費者都不願購買商品時，企業應該以消費者做為考量進行改善，而非以收入做為考量。在新市場中獲得聽眾，讓原本不消費的人掏出錢來，才是提高 ARPU 較佳的長期策略，遠遠勝過嘗試在逐漸萎縮市場中，從現有消費者身上擠出更多收入。現在就放棄那些舊長條圖，抓住新長條圖吧。

直到二〇一一年七月 Spotify 在美國推出後，購買存取權而非擁有權的模式才開始蓬勃發展。二〇一一年底，另一家極具公信力的顧問公司 MIDiA 估計，約有四百五十萬人每年平均支付七十五美元，購買全球音樂的存取權而非擁有權。截至二〇一九年，這個數字已經膨脹到九千三百萬個美國人，平均每年支付的零售價格為八十一美元，比起二〇〇九年高出五五%。

圖表中不斷增長的長條，呈現抓住新藤蔓的音樂產業如何大削一筆。但這張圖表中所紀錄的訂閱者資料，無法呈現完整的狀況。如果加上子帳戶持有者、即家庭方案的成員，現在有超過一億一千萬的美國人，正享受著付費帳號帶來的好處。消費者自始自終都願意支付訂閱費用。此外，YouTube 之類的平台利用廣告賺取收入，讓消費者完全免費使用，版權所有人還能賺取分潤。這兩種模式共為美國音樂產業在過去四年帶來兩位數的成長，其他媒體產業只能垂涎的巴望音樂產業的戰果。

*

ARPU 和消費者的收聽趨勢，都在總體經濟學的討論範疇內。但我們同時也需要探究轉型方面的個體經濟學。個體經濟學討論的內容是破壞性創新對個人創作者帶來的衝擊。

美國音樂訂閱者和平均消費額

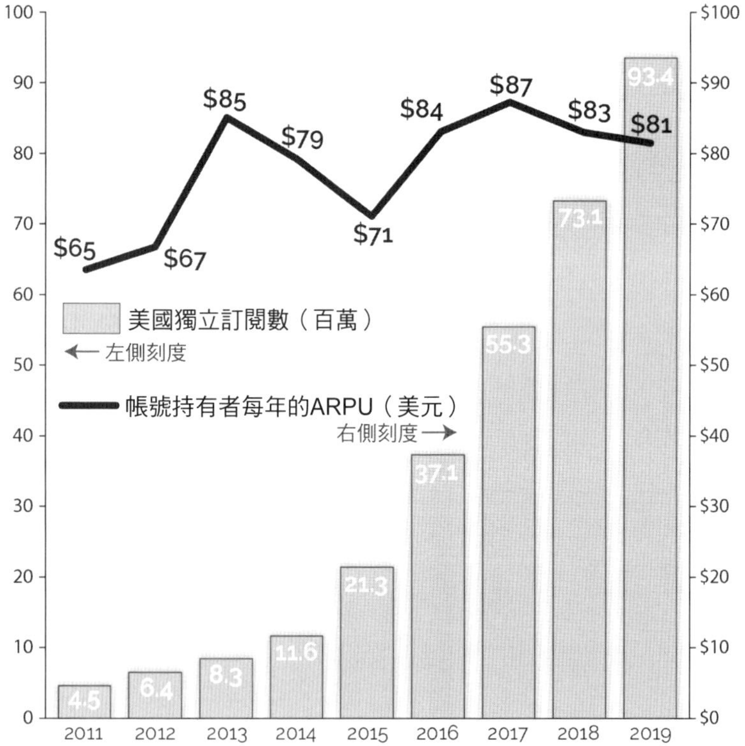

資料來源：MIDiA

即使消費者群體正在改變消費行為，你可能會發現合作夥伴（以音樂產業來說就是歌手）比較新舊市場價格後，得出放棄舊藤蔓似乎是個糟糕的主意。許多新聞頭條都報導訂閱模式帶來了兩位數成長，有更多新聞則報導了歌手擔心自己能不能拿到報酬。最有名的就是電台司令（Radiohead）主唱約克（Thom Yorke）的故事，他認為串流的新藤蔓就是「垂死屍體放出最後絕望的屁」。

約克和許多歌手都對新模式感到徹底失望，相較於舊模式中每張專輯可以賣十英鎊，新模式中每次串流賣不到一分錢——但這樣比較並不合理，不合理的比較也導致錯誤的結果。要爭論〇·〇〇五英鎊大於十英鎊是不可能的，但如果打破舊框架，清楚了解音樂聽眾的潛在單位價值，就有可能扭轉這個狀況。

這個架構稱為「利用層級」（hierarchy of exploitation），如下圖中所示。

圖表兩側呈現兩種音樂消費模式的極端狀況。最左側是像ＦＭ廣播這樣的被動消費，屬於一對多的廣播模式，並未提供消費者個人互動。最右側則呈現高度互動的零售行為，消費者花錢購買ＣＤ或下載音樂來擁有內容，並且「消費」智慧財產。購買ＣＤ的消費者擁有ＣＤ所有權十分重要，消費者可以在二手市場販售ＣＤ獲利，而不需要支付任何人額外的費用。在兩種傳統形式（短暫收聽廣播和下載擁有音樂）的利用之間是新進的音樂產業形式，包含各種形式的串流音樂，根據個別互動性從左至右、由低到高排序。長條圖的每一條長度都告訴我們每種形式產生的「單位價值」是多少。

消費者的擁有感越強烈（「這是我的播放清單」），獲得的價值就越高，版權所有人就應該獲得越高的報酬；擁有感越少（「這是串流服務業者的播放清單」），版權所有人就應該獲得越低的報酬。這是消費層級的概念。因此，越新且互動性越高的數位平台，相較於廣播播放應能為歌手帶來更高的收入。

我建議大家從這個角度思考，就能平息對串流模式的批評：在大部分國家，如果一首歌在廣播上播放，歌手和作曲者都能獲得報酬。之所以說「大部分」，是為了凸顯一個不願面對的真相——仍然有少數國家不支付歌手報酬，包含北韓、辛巴威、剛果，以及眾所皆知的美國。我們用英國收聽率最高的廣播節目ＢＢＣ廣播二台（BBC Radio 2）的《早餐時光》（*Breakfast Show*）為例，作曲者可以預期音樂表演權協會（ＰＲＳ）將代收約九十英鎊（約新台幣三千四百元）的費用，歌手則可以預期音像版權有限公司（Phonographic Performance Limited，ＰＰＬ）會代收約六十英鎊（約新台幣兩千三百元）的費用。看著版稅報表，對比廣播播放一次一百五十英鎊和串流撥放一次〇・〇〇五英鎊的收入，就能清楚了解放棄舊藤蔓的恐懼。

但經濟學上並不認為應該恐懼。ＢＢＣ廣播二台的《早餐時光》播放一次歌曲會有八百萬聽眾收聽，因此需要將一百五十英鎊除以八百萬雙耳朵，得到每位聽眾的單位價值，

利用層級

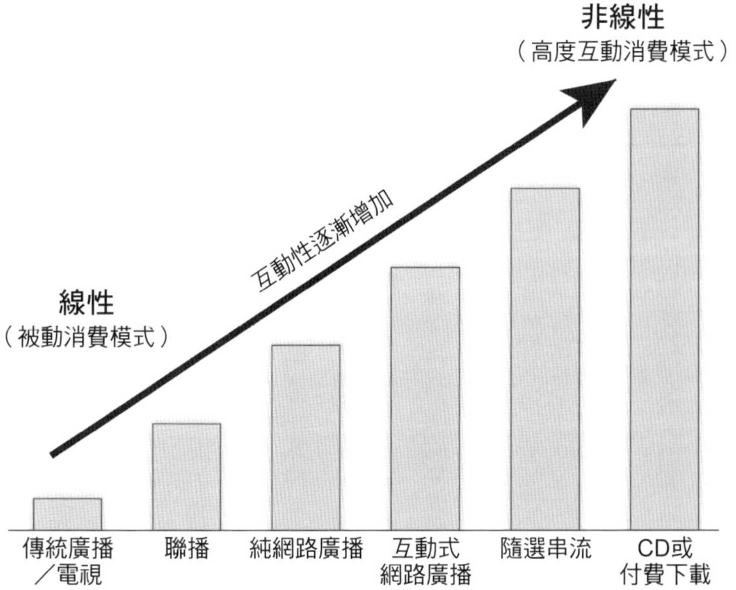
非線性
（高度互動消費模式）
互動性逐漸增加
線性
（被動消費模式）
傳統廣播／電視
聯播
純網路廣播
互動式網路廣播
隨選串流
CD或付費下載

資料來源：作者

結果為十萬分之二英鎊。相較串流服務中每位獨立聽眾支付價格千分之五英鎊，廣播音樂的單位價值還不到串流音樂的千分之五。更重要的是，收聽廣播音樂並不代表就不會收聽串流音樂，在廣播上聽到音樂的聽眾，可能更傾向在Spotify上收聽串流。從另一個角度計算，假設這八百萬聽眾在Spotify上也串流播放這首歌曲（並非不可能），則歌手和作曲家總共可以獲得四萬英鎊的報酬，而非只有一百五十英鎊。這個金額聽起來「還算不錯」吧？

前面圖表中的層級結構解釋了這個現象。廣播相較於互動串流，是較被動的曝光方式，原因是消費者只是單向接收資訊。如果你不喜歡DJ的音樂品味，也沒辦法改變播放的歌曲。至於在層級結構的另一端——如果你不喜歡串流平台選擇的音樂，則可以直接跳過；如果你在歌曲播放前三十秒就跳過，歌手不會收到任何報酬。因此根據利用層級理論，互動串流的總收入高於廣播。

所有對於串流「單位聽眾價值」的批評，顯然沒有考慮到利用層級的個體經濟層面。如果商品的客製化程度越高，則需要支付更高費用。比較串流和CD銷售可以發現，唱片公司並不清楚CD播放情況，就如同出版商也不知道讀者是否真的閱讀了購買的書籍。將CD和廣播比較時，我們需要收集到每位聽眾的價值，而非所有聽眾的總價值。廣播是一種一對多的體驗，串流則是一種「窄播」（narrowcast），計算的是單一聽眾，而非一次計算多位聽眾。

事後看來，你可能會誤以為自己已經能完美掌握狀況。Spotify 和音樂串流的成功，讓很多人認為音樂產業的經驗十分容易被複製，但事實上並沒有那麼容易。借用一句蘇格蘭旅遊局的老話：「如果你想去某個地方，你不會從這裡出發。」我常常聽人家說：「為什麼其他產業不照著 Spotify 模式就好了？」為什麼所有智慧財產權相關產業，不將所有商品放到「吃到飽」模式中，並且取得相同的兩位數成長。我想你應該已經能夠回答這個問題：要從舊藤蔓盪到新藤蔓，需要深入挖掘產業相關的總體和個體經濟學，才能獲得足夠信心執行行動。這並不是一件簡單的事。我們甚至都還沒有考慮音樂產業經驗中最重要的一個元素：文化影響。

音樂產業的轉型在各國以不同的速度和方式發生，其中的文化因素值得深入探討。瑞典和德國的經驗就是兩種極端狀況。瑞典是第一個轉型成功的國家，德國則是最後一個。瑞典與鄰國挪威可以說是串流的發源地，兩個國家都以樂於搶先採用新技術而聞名。二〇一八年，挪威獨步全球，關閉所有ＦＭ廣播電台；瑞典的無現金環境發展成熟，很有可能進一步成為第一個完全放棄現金的國家。

相同趨勢也發生在音樂產業中。瑞典很早就出現盜版，uTorrent、海盜灣和 Kazaa 等許多強大的盜版平台都是在瑞典架設。事實上，許多架設盜版平台的工程師轉來架設 Spotify，從「盜獵者」轉職為「獵場看守者」。畢竟，如果你想架設一個合法且比盜版更優秀的平台，最好的作法就是雇用架設最佳盜版平台的人。Google 的首席經濟學家暨《資訊經營法則》（*Information Rules*）共同作者韋瑞安（Hal Varian），曾提供一條選擇未來策略的簡單法則：「若要預測未來，看看有錢人在做什麼，然後擴大實行。」我將他的格言改為：「看看瑞典在做什麼，然後擴大實行。」

我認為，瑞典能快速適應破壞性創新，與其文化脫離不了關係。自由市場經濟學主張，藉由移除社會安全網，能夠培養熱愛冒險的企業家精神。上述主張的邏輯如下：如果沒有社會安全網在你失敗時接住你，會激發出你的企業家精神，願意冒險開創新事業，而不是保守依賴國家安全網度日。自由市場的主張會導致貧富差距擴大，因為這正是冒險思想導致的結果：贏家通吃。

但根據我對瑞典的觀察，我發現與自由市場相反的主張可能才是個好主意。瑞典雖然有堅固的社會安全網，但企業家創業活動並不亞於其他國家。瑞典最著名的福利就是產假和陪產假制度，並且在新手爸媽返回工作崗位後繼續提供托嬰服務。瑞典同時也對中斷工作的勞工提供支援，瑞典的雇傭法允許員工休假進修，甚至休假開創個人事業。如果創業失敗，員工還是能夠回到原本的工作崗位上。

借助破壞性創新轉型需要意識到，安全網更堅固，實際上可能提供更高風險的承擔能力。瑞典的貧富差距較小，意味著在瑞典新想法更可能成功，因為能支付新商品高價格的人比例更高。

瑞典從二〇〇九年開始使用串流和 Spotify，整整比 Napster 在美國推出晚了十年。二〇一〇年九月，Spotify 使用者人數突破一千萬。瑞典在全球音樂產業中一枝獨秀，許多唱片公司和發行公司都將瑞典視為金童，各國音樂產業都在走下坡之際，瑞典的營收卻逆向成長。瑞典在二〇一二年就已經從舊藤蔓盪到新藤蔓，六〇%的瑞典音樂市場營收都來自串流。

Spotify 同樣於二〇一二年在德國推出，當時德國的音樂市場有四分之三依然由ＣＤ占據，剩下部分多為下載。雖然瑞典唱片公司已經完全放棄實體音樂形式，但德國對實體唱片市場的需求依然堅定不移。德國抓住ＣＤ舊藤蔓的時間，遠遠超越其他歐洲市場。德國喜歡謀定而後動的傾向並不只局限於音樂。包含水石書店（Waterstones）和巴諾書店（Barnes & Noble）在內，主要西方市場實體書店都敗給了亞馬遜（Amazon），但德國的實體書店塔利亞（Thalia）依然吸引眾多德國讀者消費。德國的家用ＤＶＤ銷售額，一直到二〇一一年都幾乎持平，但我所在的北倫敦地區連慈善二手商店早就不再接收家用ＤＶＤ。

在德國，新聞的接收來源依然是實體報紙；但大多數其他市場中，閱讀新聞的媒介已經轉為智慧型手機或 iPad。如果你在二〇一八年左右到過德國機場，計程車司機只收現金是十分正常的現象；但在瑞典，大多數的計程車司機現在都只接受信用卡付款。

若要真實顯示兩國不同的動態，最有效的方法是計算兩國潛在消費者（擁有兩支手機的人不會計算兩次）、使用智慧型手機（黑莓機不算）、且手機具付款功能（綁定簽賬卡或信用卡）的人口比例。畢竟，如果未使用智慧型手機或沒有信用卡，就很難訂閱串流服務。

顧問公司 Omdia 早在 Spotify 一開始推出時，就建立了兩國潛在市場的模型。從圖表中可以看出，二〇一二年 Spotify 於德國推出時，超過半數瑞典人口都是潛在消費者（擁有智慧型手機和簽帳卡或信用卡），但德國人僅有四分之一符合潛在消費者的三項條件。瑞典和德國地理環境和經濟狀況類似，因此這已經是十分顯著的差距了。

但到了二〇一九年，德國已經迎頭趕上瑞典，三分之二人口都滿足潛在消費者條件，符合德國技術採用較慢但實施快速的慢熱文化。泰山經濟學告訴我們，一個國家伸手抓向新藤蔓向前進的時候，需要想想是由以下那些動力驅動：串流的需求嗎？智慧型手機的供給嗎？還是文化因素為主呢？某些市場可能行動較晚、較慢，但最終都能成功想出放開舊藤蔓的方法。

潛在市場占人口百分比

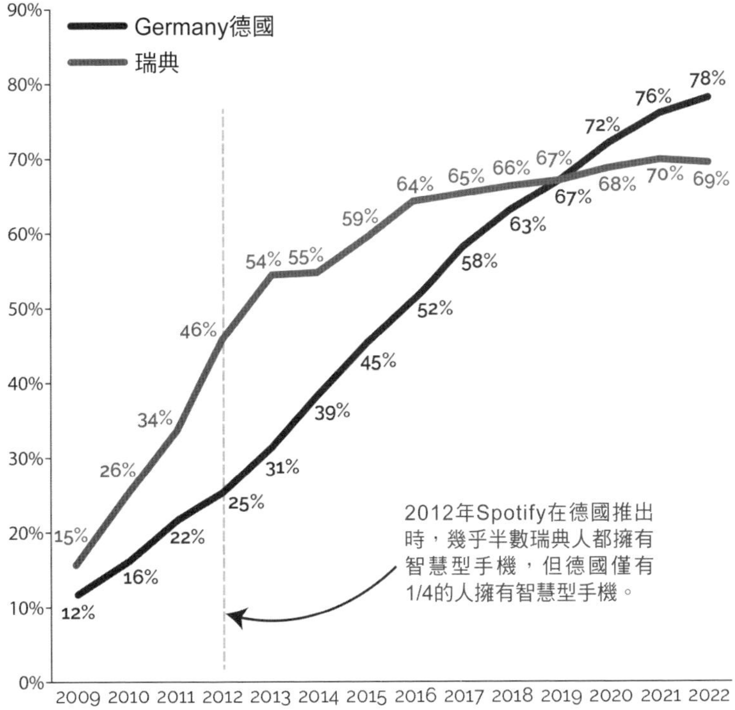
90%
80%
70%
60%
50%
40%
30%
20%
10%
0%
Germany德國
瑞典
15%
26%
34%
46%
54% 55%
59%
64%
65%
66%
67%
68%
70%
69%
12%
16%
22%
25%
31%
39%
45%
52%
58%
63%
67%
72%
76%
78%
2012年Spotify在德國推出時，幾乎半數瑞典人都擁有智慧型手機，但德國僅有1/4的人擁有智慧型手機。
2009 2010 2011 2012 2013 2014 2015 2016 2017 2018 2019 2020 2021 2022

資料來源：OMDIA

與我們認知的全球化不一樣

音樂產業現在又開始成長了，讓許多產業稱羨不已。二〇一九年，唱片音樂營收超越了兩百億美元，現在距離二〇〇一年巔峰時期只差一四%。包含作曲版權協會和發行公司在內的全球版權價值，在二〇一八年達到三百億美元的巔峰。全球版權產業的未來一片光明，全世界有七十六億人口，絕大多數人都喜愛音樂。這場全球性的復甦會如何繼續下去呢？

古典經濟學告訴我們，由於資本邊際生產力（marginal productivity of capital）的關係，新興市場的一美元產出會高於成熟市場的一美元，因此貧窮國家最終應能追上富有國家——這樣的邏輯頗具爭議，很可能並不正確，甚至完全相反。全球化興盛之下，資金和勞工都可以自由流動，因此貧國和富國的差距會變得越來越大。

最先復甦的音樂產業極具模範價值，由於串流全球化的緣故，無論音樂或消費者都跨越了國界。上述力量理應解除跨國產業全球化的力量，削弱美國的主導地位，然而現實情況卻正好相反：二〇一一年 Spotify 在美國推出後，全球音樂產業營收不斷成長（成長了五分之一），且美國消費者占比越來越高（從四分之一增加到三分之一）。

美國在全球唱片音樂營收的占比

2011－2019年Spotify在美國推出後，全球音樂營收成長了1/5……

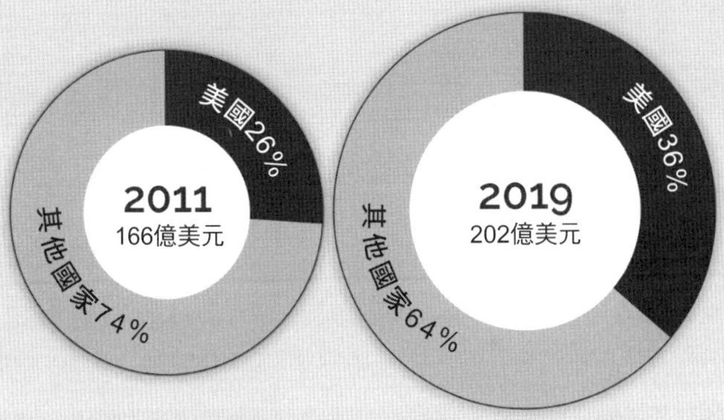

……美國消費者占比從1/4成長到超過1/3

資料來源：國際唱片業協會（IFPI）

發生這種現象的原因十分明顯，美國是個龐大的市場，而且這段時間成長得十分快速。匯率也可能是驅動力之一，美元從二〇一一年起相對一籃子貨幣（basket of currencies）不斷穩定升值。日本經濟放緩也推動了美國的全球霸權，日本音樂產業仍以CD消費者為主，且在過去四年音樂產業營收皆未成長。但利用經濟學能推敲出的原因有限，反倒是文化的理由更能說明原因。

比較不明顯的原因是，串流播放清單超越國界。美國這個多元文化日益成長的「大熔爐」，同時也是推動串流跨國界的原因和結果。美國國內蘊含眾多文化，包含亞洲、非洲和南美洲文化；美國以外的音樂，包含韓國流行音樂（K-pop）、非洲打擊樂（Afrobeats）和南美雷鬼動（Reggaeton）音樂，都代表全球化在國內外同時發生。一個國家內部全球化程度越高，就越能從全球化中受益。美國是最大的全球化國家，全球化程度也最深，因此全球化帶給美國的利益遠大於其他國家。

*

前面我說音樂產業曾是礦坑中的金絲雀，但音樂產業自我學習，不再恐懼放棄舊藤蔓，取而代之找到了抓住新藤蔓的信心，才開始現在讓其他產業稱羨不已的復甦。音樂產業最先遭受打擊，因此也最先復甦，這並非刻意為之。一九九〇年代晚期網路興起，就像潮水不斷氾濫般，淹沒所有的一切。音樂產業銷售商品的性質轉變為非排他性和非獨享性，使音樂產業比其他產業更快被淹沒。網際網路的速度不斷增快，潮水也繼續上漲。特別是在我們逐漸接受疫情新常態後，大家都能感受到潮水已經淹到自己腳邊。現在所有產業都要弄清楚何時該放手。

音樂在停止抵抗數位破壞性創新後，重新奪回主控權。除非學習盜版流行的原因，否則絕對不可能擊退盜版。音樂產業結合總體經濟、個體經濟和文化論證，總算能夠放開舊藤蔓並盪向新藤蔓，提高觸及率而非收入。了解音樂產業的掙扎過程能夠助你了解自身產業的泰山困境，藉此給予你信心盪向新藤蔓。你能夠非常清楚知道，堅持握著舊藤蔓停滯不前，只會讓情況越來越糟。

環顧四周，你會發現許多產業現在都感受到數位破壞的潮水就在它們腳邊。音樂受衝擊後復原的這段旅程，將在各產業中重新上演。報紙、電影和廣播等媒體產業，都犯下緊抓舊藤蔓的錯誤。為什麼我們現在還要看票房或實體報紙呢？當 YouTube 影片嵌入公共廣播中，誰才是真正提供廣播的機構呢？

數位潮水不只淹沒媒體，金融這類專業服務也面臨自己所製造出的「區塊鏈」障礙；政府機關也難以衡量自身遭受的衝擊。泰山經濟學的應用領域十分廣泛，幾乎每個人都需要擁有信心，了解何時該放棄舊藤蔓，並且克服未知的恐懼。本章清楚告訴你，從各種層面來看，盪向新藤蔓都是正確的選擇。

所有人現在都正面對數位破壞性創新的挑戰。泰山經濟學讓充滿自信的人可以直視黑暗，因為他們知道，隧道的另一端是一片光明。他們相信使用破壞性創新成功的手段，就能擊敗破壞性創新。但對抗並未就此結束。泰山經濟學還能幫助音樂產業為下一場戰鬥做好準備：商人為爭奪消費者日漸稀缺的時間和注意力所發動的戰爭（主要是心理上的戰爭）。

章節附註

1 俱樂部財是一種具有最佳消費者數量的商品。如果太多消費者使用這項商品，會因為擁擠效應（crowding effect）導致享受的共同價值降低。這類商品之所以稱為「俱樂部財」，是因為大多數俱樂部的特色就是會員可以共享商品，但排除非會員使用商品。

2 競食（cannibalisation）的恐懼有個重要前例。一九九四年，百視達（Blockbuster）連鎖店開始提供 SEGA 遊戲租借，這讓遊戲巨頭 SEGA 的銷售團隊十分擔憂。但這些擔心都是多餘的，銷售量之後很快就上升了。

第二章

付出注意力

瑞典人天生就喜歡嘗試新事物，他們往往第一個採用新科技。瑞典人最先接受非法盜版，放棄了CD；同時也第一個接受合法串流，而現在瑞典人正領先全球，實現無現金的社會。歌曲開頭直接進副歌，也是由瑞典人最先開始嘗試。串流在瑞典興起後，出現了兩種現象：歌曲越來越短，而且一開頭就會進到副歌。

二〇一二年，我在 Spotify 位於瑞典斯德哥爾摩的接待處時，第一次注意到上述現象。接待處播放艾維奇（Avicii）的音樂，歌曲一開頭的旋律就深深吸引了我。Spotify 內部常常熱烈討論艾維奇，艾維奇是瑞典的英雄，大家希望如果 Spotify 或艾維奇其中一方爆炸了，另一個乾脆也跟著滑流一起爆炸。艾維奇的歌曲十分洗腦，從開頭就利用副歌引起聽眾注意，並深深吸引聽眾聽到歌曲的最後。

我還不太習慣一首歌曲這麼快就吸住我。

我吉他彈得很糟糕，除了偷過我哥哥的 Ibanez 電吉他（而且帶利息和傷口還回去）以外，沒彈過其他吉他。小時候，我聽過很多不同類型的歌曲結構，其中一種利用常見的主歌—副歌—主歌—副歌形式，慢慢帶入歌曲高潮，接著是一段吉他獨奏，然後再次回到副歌高潮後逐漸淡出。邦喬飛（Bon Jovi）一九八六年的經典老歌、查爾德（Desmond Child）、邦喬飛和山伯拉（Richie Sambora）合寫的〈以祈禱為生〉（Livin' on a Prayer），直到現在都是應用上述歌曲結構的大師級巨作，這首歌曲長度四分九秒，常被當成標準評價其他經典老歌。在擁擠的演唱會現場中，樂團在上千名粉絲眼中可能只是遠方的一個一小點；但當樂團唱出最後副歌高潮時，樂團征服了你，感覺他們特地為你唱了這首歌。

副歌之所以能夠深深打動你的原因，就是歌曲在三分二十三秒音調轉變，作曲家稱之為「轉調」。邦喬飛相較於先前的副歌，整整升高了小三度演唱。真正強烈觸動聽眾的關鍵，就是轉調的時機，貝爾蒙特大學（Belmont University）的坎普教授（Todd Kemp）指出，副歌之前停頓三拍而非四拍，會造成出乎意料的效果。[1]若要以不專業的方式說明轉調，請先試著痛飲幾品脫高濃度起泡淡啤酒、或者幾瓶廉價劣質酒，然後到你家附近的卡拉OK演唱〈以祈禱為生〉。你在前面三分二十三秒努力演唱，可能會引起大家注意，但隨後的轉調則會讓聽眾摀著痛苦的臉一哄而散，因為你根本唱不到歌曲的key——這就是重點了，現在許多歌曲在三分二十三秒的地方就已經結束了。

歌曲的長度變得越來越短。石英財經網的資料編輯科普夫（Dan Kopf）指出，二〇一三年到二〇一八年《告示牌》（*Billboard*）上最熱門的一百首歌曲，平均長度從三分五十秒縮短到三分三十秒。二〇一八年6%的熱門歌曲，長度在兩分三十秒以下。無論是嘻哈歌曲或鄉村歌曲，長度都越來越短。[2]

歌曲進入副歌的時間也越來越早。《經濟學人》和《告示牌》的分析揭開了這個驚人的趨勢。過去歌曲在開頭十五秒內就直接進入副歌的比例，約在一〇%至二〇%。到了二〇一八年，比例飆升到四〇%，而且絲毫沒有降低的跡象。《經濟學人》指出，曼德斯（Shawn Mendes）的〈小姐〉（Señorita）這首歌，在十五秒就進入副歌，而且整首三分十秒的歌曲都維持固定旋律。[3]

上述現象讓我直觀認為，如果有作曲家還以為現在聽眾的注意力可以持續超過三分二十三秒，也就是前面提到邦喬飛經典老歌的臨界長度，那他可能真的要「以祈禱為生」了。身為音樂迷的我覺得這個現象十分令人擔憂，但至少這代表唱卡拉ＯＫ的時候，出現讓人尷尬的轉調機會少了許多。

是什麼狀況改變才造成上述現象呢？回答這個問題前，要先談談注意力經濟學。我分成「注意力」和「經濟學」個別討論，先從「注意力」開始。聲音工坊（Soundlounge）的執行長西蒙斯（Ruth Simmons）與peermusic的埃爾頓（Nigel Elderton），早在一九八〇年代就開創在電視廣告中使用音樂的先河，西蒙斯觀察當時兒童的注意力時間有多長，來了解未來人們的注意力長短。西蒙斯發現，兒童面對行銷時注意力分成三種階段：承諾

（promise）五秒、期待（anticipation）十五到二十秒、以及決定購買（commitment）超過三十秒後。最重要的一點是，賣家最多只有三十秒做出商品承諾、製造期待、並且在消費者失去注意力前確保購買意願。熱門歌曲作曲家洪特（Crispin Hunt）指出，音樂之所以會讓人快樂，就是因為聽眾能辨識出歌曲。一首歌曲創造了一段旋律，當聽眾不斷聽到這段旋律時，大腦就會分泌腦內啡。結合西蒙斯和洪特的說法可以總結，歌曲開頭直接進入副歌，是利用聽眾前三十秒注意力最集中時間的最佳方法。

注意力經濟學的另一個部分是「經濟學」。如果版權所有人只有在歌曲播放超過三十秒後才能獲得報酬，那就需要吸引聽眾持續收聽超過三十秒。此外，如果歌曲播放得再長也不會獲得額外報酬，那寫更短的歌就合情合理。如果聽眾注意力時長有限，就要盡可能在這段時間內塞入更多首歌曲，聰明的作曲家就會寫出更短的歌曲。

同樣的狀況之前也出現過。第一代留聲機只能播放兩到三分鐘的音樂。據說普契尼（Puccini）曾刻意寫出可以切成三分鐘片段的詠嘆調，如此便能將歌曲儲存在七十八轉黑膠唱片其中一面，所以普契尼很可能是有史以來第一位流行歌作曲家。埃爾頓指出，在一九五〇年代晚期到一九六〇年代早期，美國流行歌曲的平均長度為兩分三十秒。由於當時黑手黨掌控美國所有點唱機，他們強制歌曲長度必須少於兩分三十秒，這樣才能大幅增加每台機器的點唱次數。

音樂並不是唯一改變產出方式試著吸引消費者更多注意力的媒體。你會發現 Netflix、YouTube 廣告商和社群媒體平台都採用類似策略。在這個擁擠程度前所未見的媒體環境中，即使我們不願意將注意力賣出，「注意力商人」（attention merchants，接下來將會更深入了解它們）還是必須開發新工具來吸引消費者的注意力。藝人開發（A&R）主管暨前格芬唱片公司（Geffen Records）的執行長雅各布森（Neil Jacobson），在評估消費者放棄所有其他娛樂的價值高低時問：「如果要你全神貫注在一件事上，需要付多少錢？」我們隨後便會討論，虛擬實境（VR）便是找出此答案的最佳手段。

我現在徹底明白，為什麼我還記得十年前在 Spotify 斯德哥爾摩接待處聽到的艾維奇歌曲。艾維奇生於一九八九年，卻在二〇一八年英年早逝，但艾維奇仍然奉行寫在布萊爾大廈（Brill Building，一九六〇年代許多偉大作曲家的歸屬）樓梯上的古老箴言：「不要讓聽眾無聊，快點進副歌。」

「無聊」這個詞彙已經過時。記憶中還保有智慧型手機出現以前生活的人，休息時光可能會望向窗外，回想起已被智慧型手機取代的古老設備：照相機、高傳真（Hi-Fi）設備、傳真機、電視、書和電子閱讀器、收音機、打字機、錄音機、錄影機等……數都數不完。以前注意力沒有地方揮霍時，我們可能都曾盯著窗外回想過去。但現在大家已經不再隔著窗戶玻璃向外看，只會盯著手機的玻璃螢幕。無聊已經不是現代生活的選項。消耗我們大量注意力的手機不斷在口袋、背包和我們的手掌間來回穿梭。就算電池沒電了，我們也會不耐煩的盯著螢幕，等電力充飽，讓我們重回黑色玻璃後方無窮無盡的資訊潮流中。

過去難以建構內容的網路分銷*時，媒體公司依消費者的無聊來增加商品價值。唱片公司要求歌手遵循嚴格限制的發行行程，電視也並非一天二十四小時播放——現在各式各樣的內容都在爭奪我們稀缺的注意力，無聊已成為過去式。數位已徹底翻轉媒體銷售的供需動態，從無聊過剩轉為注意力稀缺。

大型科技平台了解這項趨勢，並且最佳化其產品，能夠毫無察覺的就吸走我們的注意力：YouTube 的自動播放功能會不斷播放影片，讓使用者觀看時間越來越長；Instagram 限時動態按照時間先後排序，讓使用者不斷想開啟 apps，查看追蹤帳號的最新動態；推特和臉書則提供永遠看不完的連結、影片和貼文。內容流入永無止境，但注意力極其有限。微軟（Microsoft）在二〇一五年提出一篇經常被引用但也飽受爭議的研究：由於數位生活方式，人類的注意力長度已經縮短到八秒，比金魚還短。[4]這篇聲名狼藉的研究，存在時間已經比大部分金魚的壽命還要長，人類的注意力時長很可能已經變得更短了。

我們可能會以為注意力是一種私有財：稀少且排他，由我們掌控。但其實這並不正確。作家吳修銘（Tim Wu）在其著作《注意力商人：他們如何操弄人心？揭密媒體、廣告、群眾的角力戰》（*The Attention Merchants: The Epic Scramble to Get Inside Our Heads*）中完美提出結論。吳修銘認為注意力商人已經綁架了我們的注意力，有效移除排他性、提高稀缺性，並讓注意力脫離我們的掌控。每個新平台都在試圖獨占注意力，這些平台從未想過注意力資源耗盡時會出現的問題。當我們花太多時間觀看螢幕後，就會產生注意力耗盡的感覺。

化石燃料十分適合用來比擬和了解注意力稀缺的狀況。大家都知道石油資源稀少，但並不知道究竟有多稀少。過去曾有許多估算，但這些估算在新油礦開發後就會相繼失效。美國地質調查局（United States Geological Survey）的首席地質學家懷特（David White）在一九一九年曾寫：「很可能在三年內，石油產量就會越過高峰開始走下坡。」「油鋒」（peak oil，石油生產速度的頂峰，越過之後便會無可逆轉的下滑）的時間點，現在依然有各種分歧意見。從一九一九年起，人們就不斷爭論何時石油產量會達到頂峰；另一個對油鋒持相反意見的論證則認為，由於科技進步，人類在世界各地發現越來越多石油，而且發現新油礦的速度還會越來越快。石油可能十分稀缺，但有多稀缺無人知曉。我們可以將

＊編按：網路分銷（Network Distribution）是企業基於網路開展的分銷行為，藉網路來完成鋪貨、建立銷售管道、分銷商管理等

「油鋒」類比為「注意力鋒」，我們意識到自己注意力十分稀缺固然煩悶，但卻不清楚究竟稀缺到什麼程度。有人可能還會說，我們正進入一個注意力的「壓裂」*時代。

如果你購買這本書的實體書，那麼你手上就握著一個最佳例子。你十分清楚閱讀這本書需要花很多時間，而且大概也同意閱讀時很難分散注意力做其他事情。你也知道有許多更有效率了解書中內容的方式，例如，聆聽有聲書或Podcast。

閱讀書籍占用了稀缺的注意力，通常會導致零和遊戲，出現明顯的贏家（花費注意力的目標）和輸家（其他未花費注意力的一切）。但如果使用電子書或Podcast等其他媒介吸收書籍內容，則不一定會出現一樣的零和遊戲。聽覺這類注意力和視覺不同，可以和其他活動結合，像是邊慢跑邊聽有聲書。

當我們集中注意力在一項活動上，像是沉浸在一本好書時，就會意識到注意力有限且稀缺。因此，我們會小心謹慎規劃如何使用注意力，像是在假期或長途飛行時選擇閱讀一本精妙絕倫的書籍。然而，如果我們使用另一種類型的注意力，像是收聽一本電子書或Podcast，將能夠提高可使用的注意力，一邊收聽一邊做其他事。

這意味著比起閱讀書籍，用聽的可以在日常生活中吸收更多書籍內容。圖書產業意識到這個現象，因此轉型，提供讀者更多汲取書籍知識的機會。數位化無形中成功為書籍出版商壓裂出新型態的注意力，並且從根本上改變出版商的商業模式。

測量注意力的歷史告訴我們，企業不僅僅是只在自身的產業中相互競爭，還需要和任何可能占用消費者稀缺時間的人事物競爭。如果你使用傳統經濟思維，僅觀察單一產業，就會測量業內的市占率，而忽略現在各種產業都在競爭消費者的注意力。電視公司不僅僅和其他電視公司競爭，還需要和書籍、廣播、桌遊、音樂、電動、電影，甚至散步這類簡單的娛樂競爭。

如果注意力是一種共有財，則搶占消費者注意力的大量競爭者就會造成共有財悲劇，過多的內容和競爭終將耗盡，甚至過度利用消費者的注意力。但這種悲劇也為新型態的競爭創造機會，這類競爭並非創造更多內容，而是幫助消費者有效利用注意力。其中一個令人拍案叫絕的例子來自於十九世紀的類似狀況。

馬克·吐溫（Mark Twain）除了撰寫《頑童歷險記》（*Huckleberry Finn*）等書籍外，同時也是發明家兼出版企業家。正如同二十一世紀數位網路創造出過多內容，十九世紀的鐵路和低成本印刷等新技術，帶來了大量流行雜誌、商品目錄和報紙。讀者需要一套方法整理和控制大量流入內容，這就是馬克·吐溫發揮創意的地方。

馬克·吐溫開發了預先上好膠的剪貼簿，並申請了專利，這本空白剪貼簿有許多欄

＊譯注：fracking，水力壓裂，是一種開採頁岩天然氣和石油的方法。

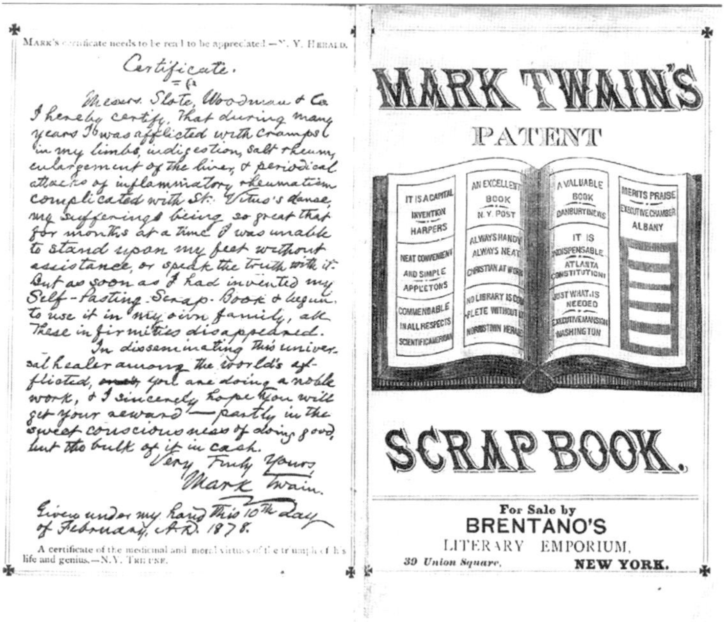

資料來源：「馬克・吐溫與他的年代」計畫（Mark Twain in His Times Project），維吉尼亞大學（https://twain.lib.virginia.edu）

位，可以幫助讀者剪貼並整理閱讀內容，分類為「家庭」、「烹飪」、「流行」、「新聞」和「宗教」等。馬克・吐溫為不同讀者製作不同版本的剪貼簿，包含提供給作家、孩童、牧師，甚至還會製作藥劑師專用的處方書。剪貼簿的專利在馬克・吐溫一生中幫他賺進超過五萬美元，幾乎是他所有書籍收入的四分之一。

剪貼簿和社群媒體興起有直接相關性。Blogger 等早期的部落格工具，與馬克・吐溫的剪貼簿十分相似，這些平台提供讀者簡單的工具，收集、發布和評論在網際網路爆炸時代出現的大量內容。

過去十年間，推特和臉書等工具將這些數位剪貼簿擴展到全球網路，但不必由使用者費心整理，改由演算法利用使用者的點選和滑動行為擷取資料。在臉書動態消息的時代，剪貼簿不僅僅是處理大量內容供給的工具，同時也是大量內容供給的來源，無止盡的膠條黏上各種新聞、圖片和影片，就如同蒼蠅黏在黏蠅紙上。

馬克・吐溫的剪貼簿是嘈雜印刷世界中的淨土，提供讀者時間和空間選擇想要花費注意力的內容；臉書就像一本已經貼滿無數內容的剪貼簿，讓我們幾乎沒有機會停下來反思；推特進一步將我們的注意力從私有財轉換為公共財，讓其他人能夠消費我們所注意的內容，同時也讓平台從中獲利。

馬克・吐溫當時意識到經濟不平衡現象，意即大量資訊爭奪有限注意力，並且利用這個機會申請剪貼簿的專利。他成功的必要因素，就是必須存在能夠測量稀缺注意力資源的指標。像是寄送書籍、商品目錄和報紙到美國各家庭、公司，需要知道商品觸及人數，了解商品是否真的得到消費者的注意，或者直接進到垃圾桶。

早在馬克・吐溫時代之前，甚至在內容包裝為實體書籍等商品在書店販售之前，測量讀者注意力的需求就已經存在。從羅馬帝國時代開始，注意力指標就至關重要，在當時掌聲就是君王測量演講對市民影響力的方法。加伯在她的文章〈掌聲的簡史〉（A Brief History of Applause）中解釋：「政治人物衡量自己在人民心中地位的主要方法之一，就是站上舞台時自己受歡迎的程度。」精明的領導人會解讀掌聲，包含大小、長短和模式，藉此預測自己的政治命運。加伯繼續解釋，當我們「僅有雙手時」，掌聲是唯一的指標：

> 「同一時間參與和觀察到的掌聲，就是一種早期的大眾媒體傳播形式，可以連結所有人和他們的領導人，無論是鼓掌的人或看見別人鼓掌的人都會受到影響，立即且直觀，而且還可以聽得見。掌聲是一種大眾情緒分析，揭露了關係網絡中人們的喜好和期望。領導人的優劣由廣大的群眾決定。這是在數據大量出現前的大數據。」[5]

直到十九世紀，鼓掌一直都是注意力的重要指標，因此出現了專業的「鼓掌人」（claque）。劇院老闆會付錢請鼓掌人在表演中適時鼓掌、大笑或尖叫。對劇院老闆來說，群眾喝采聲是最有價值的廣告方式。觀眾看完一場熱情滿溢的表演就會向朋友推薦。鼓掌人就是為了操控觀眾反應而出現，不只操控注意力，還要確保觀眾看完離開時認為表演十分成功。

在二十世紀早期，電台廣播之類的廣播網出現，為測量注意力帶來了新問題。廣播並非書籍或報紙之類的實體商品，也不會像戲劇、歌劇或電影一樣讓人們群聚到同一地點。因為聽眾分別購買收音機，在自家客廳收聽廣播，廣播電台無法掌握確切聽眾數量。

作家兼媒體研究員洛克（Matt Locke）認為這是注意力指標史上的一個重要時刻。電台廣播不存在直接回饋迴圈，廣播業者和聽眾之間也沒有實體連結。洛克的說法是，開發測量注意力新方法的競賽，就是學習「如何測量幽靈」的競賽。尼爾森（Arthur C. Nielsen）是解決這項挑戰的關鍵人物，他同時也是AC尼爾森公司（A. C. Nielsen）的創辦人，該公司在近一個世紀後依然保留他的名字。尼爾森著迷於測量方法之中，他曾對兒子說：「如果你能算出數字，就能知曉事物。」尼爾森的兒子後來繼承了父親的公司。

廣播業者難以向潛在廣告商證明，人們確實有在收聽廣播節目，尼爾森使用稱作「電子偵計器」（Audimeter）的裝置解決了這個問題。電子偵計器會在聽眾轉開收音機時，使用緩慢捲動的紙張，自動記錄收聽頻率和時間。記錄完成後，紙捲會送回尼爾森的團隊裡進一步分析，並且轉換為廣播電台的收聽數字，即為「收聽率」（rating）。

雖然我們說尼爾森「解決了」測量注意力的問題，但仍必須有個但書（之後會深入討論）。尼爾森所知道的資訊只是收音機是否開啟，以及接收哪家電台的訊號，他並不知道聽眾是否真的專心收聽。撇開但書不談，收聽率由尼爾森之類的第三方公司計算得出，對廣播業者和廣告商來說都十分重要。指標公司同時向廣播業者和廣告商收費並提供服務，但與計算出的數字沒有任何利害關係。

電視取代廣播後，尼爾森將技術轉移到新媒體上，尼爾森的公司也成為美國家喻戶曉的收視率調查公司。但隨著科技改變廣播世界，尼爾森測量幽靈的方法也要隨之改變。觀看影片內容不同的形式和裝置爆炸般出現，讓追蹤收視率變得更加困難。看「電視」已經從觀看客廳電視機中有限數量的固定節目，轉變為從眾多平台、裝置和環境，並且收看無限數量的影片，一天二十四小時都能隨選觀看。

這樣的變化讓尼爾森這類指標公司更難測量注意力。更糟糕的是，新進媒體和廣告商，已經不需要從中立且透明的第三方公司獲得任何資訊。Google 和臉書這類數位科技平台，不僅控制了決定呈現給使用者什麼內容的演算法，同時也控制廣告商受眾注意力的測量。這項備受爭議的發展常被戲稱為「球員兼裁判」，但因為科技平台壟斷了我們的數位注意力，廣告商幾乎沒有任何發言權。

臉書在二〇〇九年推出按「讚」功能，在已經十分強大的動態消息（相當於現代的馬克．吐溫剪貼簿）功能上，增添重要的全新注意力指標。傳統注意力指標測量觀眾觀看內容和觀看時間，但若要測量觀眾喜不喜歡這個內容，則需要更複雜的過程，像是必須針對小型焦點團體進行研究。按讚功能不僅讓臉書得以測量使用者的觀看內容（包含其他平台嵌入的影片內容），而且能夠得知使用者的感受。這個組合指標追蹤的是擁有最多使用者的單一媒體公司，功能自然超乎想像的強大。

能夠得知使用者的喜好，一直都是廣告商夢寐以求的能力，但實現方法並不只限於使用者個人按讚而已。臉書在二〇一〇年推出 Graph API 技術，這項技術不僅可以存取某個用戶的活動，還可以顯示這些活動如何與他們所有朋友的活動相關聯。實際上，就算某個人從來沒有用過臉書，你還是可以藉由探索這個人所連結到朋友資料，拼湊出極其合理的個人資訊。

可惜的是，假指標、假使用者、假新聞，以及販售資料給不道德的第三方……這一連串證據確鑿的醜聞，讓「讚」的故事已然變質。雖然臉書提供廣告商超乎想像的資料量和細節，但當所有資料皆由單一公司控制時，就無法獨立確認資料是否真實。

臉書藉由脫離尼爾森這類的中立指標公司，並直接將指標賣給廣告商，打破了傳統媒體市場模式。但也許像尼爾森這類的中立第三方，才能在維持注意力經濟公平透明上扮演關鍵角色。臉書的理念是「快速行動、打破陳規」（move fast and break things），但有時臉書打破的部分是產業鏈中的重要一環。

如果說早年的廣播打破創作者和聽眾間的回饋迴路，將聽眾變成了幽靈，那麼本世紀初的社交媒體興起，才讓受眾能夠重新發聲。上述關於注意力的簡史告訴我們，一旦指標定義好了，就能測量注意力。無論透過掌聲、收聽率、按讚等任何方式測量完成，就會形成市場。

注意力經濟學中，不只要最大化注意力，同時也要有效利用注意力。傳統經濟學中，改善效率就代表提升生產力，達成方式為在相同資源下生產更多商品，使用更少的資源產出相同商品；或者更極端，使用更少資源產出更多商品。

二〇〇六年，Spotify 開始了一趟旅程，藉由了解盜版盛行時代的狀況，幫助音樂產業轉型並重新獲利。Spotify 不僅僅提供合法音樂取代非法MP3網站，同時也提供更有效率利用注意力的選項。在非法P2P網站達到巔峰時，盜取音樂勝過購買音樂的其中一個原因，就是因為檔案分享比起合法購買更有效率，也付出更少注意力。若要將消費者從 Napster、uTorrent 和海盜灣之類極度熱門但非法的網站，吸引到 Spotify 這個合法授權的平台，就必須減少消費者存取和收聽音樂所需花費的時間。Spotify 的工程師了解效率的重要性，因此創造了新的指標來測量注意力效率。工程師的目標是要讓 Spotify 上的播放按鈕，在兩百八十五毫秒內開始播放所選歌曲。因為工程師清楚了解，人類所感知的「立即」為兩百五十毫秒。如果在這麼短的時間內就開始播放歌曲，大腦就無法發現任何延遲。

Spotify 提高聽眾注意力需求的效率，讓它更有價值，也使得人們願意為原本可以免費獲得的服務付費。嚴格要求播放延遲時間，也協助 Spotify 利用盜版的優勢擊敗盜版，讓消費者能夠立即存取超過六千萬首歌曲，而且比盜版更快、更方便，最重要的是——更有效率的使用注意力。

接下來，要解決注意力可堆疊性質的問題，也就是被要求或給予的注意力是否擁有排他性，或者可以結合其他活動？如果可以結合，會是哪些類型的活動呢？這個問題又引出了另一個有趣的問題：如果人們有辦法將注意力同時放在兩種內容上，那這兩種內容又有何關係呢？兩種內容會互相爭奪你的注意力嗎？或者互相合作吸引你的注意力？內容爭奪或合作的概念稱為「競爭性」（contestability），指的是在注意力爭奪戰中找出誰是朋友、誰是敵人。也就是清楚分辨哪些活動和娛樂彼此互補，哪些又互相取代。

占用時間的注意力形式，要不是互補品（complement），譬如琴酒和通寧水；要不就是替代品（substitute），就像是不同品牌的琴酒？若聚焦討論於音樂產業，可以發現音樂是一種形式的琴酒，可搭配許多形式的通寧水。音樂是注意力的互補品，或者可以說音樂之所以廣泛存在，主要就是憑藉音樂的互補性，如果單純聽音樂，沒有進行其他活動或娛樂，音樂往往不會讓你感到那麼愉快。Netflix 或同類媒體很可能更具替代性，更類似於不同品牌的琴酒，因為你很難同時觀賞 Netflix 影片又同時聽音樂。

當我們盡情觀看 Netflix 時，Netflix 就獨占了我們的注意力，而且很可能比我們預期的時間還要長。視覺所需付出的注意力比聽覺高得多。不過，僅將競爭性的想法用在視覺和聽覺上顯然太過簡單。閱讀、遊戲和通訊也可能是聽覺和視覺的替代品或互補品。若要了解注意力的競爭性，則必須有能力監控和測量注意力消耗的各種方式。

在多層次架構下，測量注意力的方法並非唯一。我們需要利用一系列指標評估從受眾那裡取得多少注意力，以及取得何種注意力。其中可能包含使用時間的主動注意力（active attention）、迷失焦點的被動注意力（passive attention）和行為暗示的推斷注意力（inferred attention）。這些指標都無法直接反映價值。長時間使用可能是一項正面指標，代表受眾高度參與活動，但也可能代表受眾無法找到需要的內容。例如，Google 搜尋功能的其中一個核心目標，就是讓使用者盡可能花最少的注意力找到想要的內容，搜尋時間越少，代表搜尋引擎效用越好。相較於雅虎（Yahoo!）這類傳送門搜尋引擎，試著讓使用者在網站上停留越久越好，Google 反其道而行，全力縮短使用者花費的時間。這也就是為什麼 Google 剛推出時，發展程度超越過往所有產品。

讓人意外的是，目前幾乎沒有任何監控和測量不同注意力競爭性的研究。如果有一個架構，能讓個人、企業和政府後退一步，看到更寬廣的畫面，並且建構注意力經濟中所有琴酒和通寧水的品牌地圖，必定能帶來許多助益。

很幸運的，英國電信監管機構「通訊管理局」（Ofcom）在二〇一〇年發布一項鮮少

媒體與傳播活動的注意力與重要性

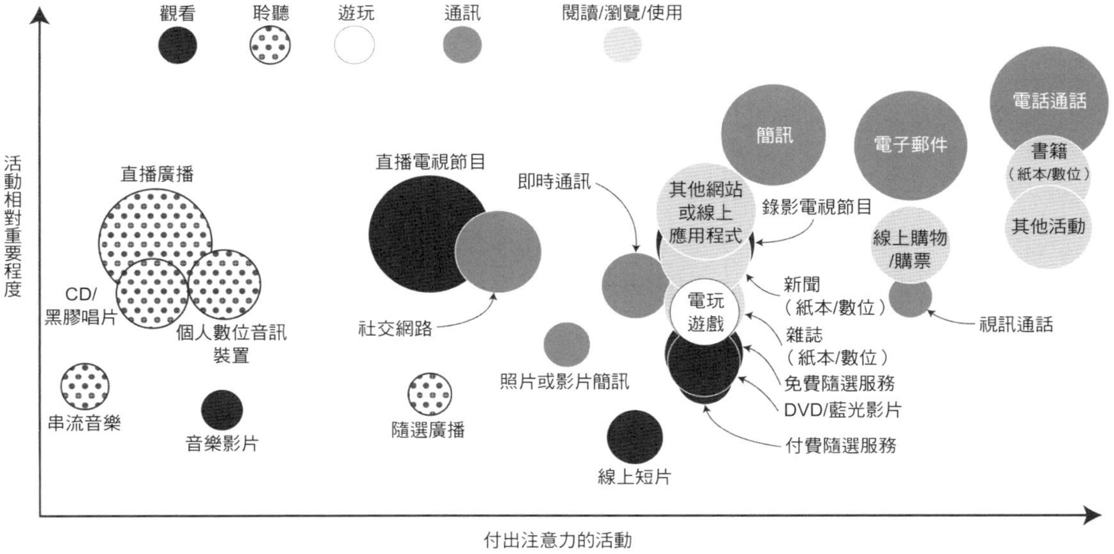

資料來源：通訊管理局，「消費者數位生活：通訊管理局與捷孚凱的研究報告」（The Consumer’s Digital Day: A research report by Ofcom and Gfk〔Ofcom, 2010〕）

人注意到的研究報告「消費者數位生活」（The Consumer's Digital Day），提供注意力監控和測量的研究資料。這份簡單但強大的架構，比較了五種形式的注意力：觀看、聆聽、遊玩、閱讀和通訊。他們使用市調回饋的方式來排序這些活動的相對重要性，以及相對使用的注意力高低。[6]

「注意力」和「重要性」之間如何平衡的見解，帶給注意力經濟學新的生命力。這項調查說明我們如何分配注意力，並藉此分辨出互補品和替代品。這項調查也意外的揭露出先前所提到，媒體在生活中與消費者互動的隱藏祕密。

在通訊管理局的架構的右上角，也就是付出高注意力且相對重要的象限中，可看到的是通訊和閱讀的圓圈。電子郵件、講電話、簡訊和閱讀需要大量的注意力，而且這些活動對使用者來說相對重要，因此使用者才會評價這些活動相對重要且付出較多注意力——當然，因為進行這些活動時人們需要全神貫注。這些活動會爭奪你的注意力，就像一杯無法搭配任何通寧水的琴酒。

架構的中央大多為觀看活動。比方運動直播等直播電視節目雖然對我們來說相對重要，但並不需要占用我們所有的注意力。隨選影片串流則更靠右下方，代表需要付出更多注意力，但並不是非常重要。沉迷觀看飼養老虎的紀錄片可能需要花費許多時間，但並不是非常重要。

Netflix 的執行長哈司廷斯（Reed Hastings）認為，睡眠是 Netflix 最大的競爭者，他說：「你有一部超級想看的戲劇或電影，於是只好熬夜觀看，因此 Netflix 實際上是在和睡眠競爭。」哈司廷斯提出的論點可能是他已經想像到通訊管理局提出的架構。[7] 如果 Netflix 獨占我們更多時間，朝右上角靠近，同時獲得注意力和重要性，將有更多其他活動會受到壓力，在競爭作用下朝左下角移動。Netflix 在未來如果能掌握更多注意力，其他對手能獲得的注意力就大幅下降。

在另一個極端，位於左下角付出低注意力和低重要性的正是音樂。無論透過串流、影片或廣播，音樂需要相對較少的注意力，相較個人通訊來說重要性也較低。跳舞和社交之類更重要的活動，可以邊聽音樂邊進行。通訊管理局的研究在二〇一〇年進行，雖然現在許多狀況已經改變，但音樂對於其他娛樂來說，依然可以是珍貴的通寧水。

二〇一〇年通訊管理局圖表中，尚未有 Podcast 這項目前常吸引人們注意力的活動。在調查發布後的十年，Podcast 無論在數量上或帶來的收益都十分驚人。人們製作出的 Podcast 節目超過一百萬部，集數則超過三千萬集；企業收購的 Podcast 巨作和工作室總金額高達數億美元。Podcast 的全球聽眾現在可能已經接近五億人。而且，「Podcast」這個名稱其實比通訊管理處的圖表還要早出現。Podcast 的英文「Podcast」中，「Pod」代表 iPod，「cast」則和廣播（broadcast）有關，即ＲＳＳ發布形式。因為 iPod 和ＲＳＳ摘要

（RSS feed）多少有些過時，Podcast 出現了品牌定位問題，特別是在巴西和印尼這些龐大的 Podcast 市場中問題更明顯，因為當地 iPod 十分罕見，讓人無法快速接納這項新媒體。此外，雖然我們會稱 Podcast 創作者為 Podcaster，Podcast 的應用程式為 Podcatcher，但熱衷收聽 Podcast 的聽眾卻沒有專門的稱呼方式，像是影迷（cinephile）或書迷（booklover）之類的名稱。Podcast 市場的根基依然尚未穩固。

Podcast 出現時，注意力已經十分稀缺，Podcast 能吸引注意力的獨家祕方，就是本身伴隨著明確主題和自主選擇收聽的親密感，通常是在上班通勤路上或做家事、獨自一人的時間收聽。親密感也來自物理上的因素，因為收聽 Podcast 時聽眾會將耳機戴在頭上，無論節目內容是兩人之間對話，或是一人對聽眾說話，聽到的聲音對大腦來說，就像是人與人之間真實的親密對談。因此 Podcast 或 Podcaster 是否成功，取決於能否利用上述的親密感，再配合自信的聲音和獨特的觀點，帶給每位聽眾真誠友好的感受，讓聽眾不斷回流收聽節目。不過，Podcast 整體上仍然是注意力商人的西部拓荒區，他們缺乏能吸引聽眾注意力時間方面的剪輯技巧。有一則笑話就說：「保守祕密的最佳方法是什麼？放到 Podcast 的後半段再說。」

最重要的問題是，在這場注意力的爭奪戰中，誰是你的朋友？誰又是你的敵人？串流音樂雖然位在通訊管理處圖表的左下角，但是卻能當作書寫電子郵件和閱讀等活動的互補品，而且不僅能在進行這些活動時收聽，還可能會增加活動時長。閱讀的時間越長，收聽音樂的時間也越多，反之亦然。

另一個極端是那些壟斷注意力的活動，因為從事這些活動時無法再做其他活動，所以這些活動是你的敵人。注意力稀缺給這些壟斷者強大優勢。如果 Netflix 贏得消費者更多注意力，其他媒體的處境就會越發困難；但如果音樂贏得消費者喜愛，其他活動也能夠同時受益。在注意力爭奪戰中，了解你的朋友和敵人，讓你更能借助破壞性創新轉型。

通訊管理局架構中最直接的延伸，就是探討泡泡大小，也就是受眾觸及率。例如，想像一個特定類型的「欣賞指數」；如果受眾越少，欣賞指數就會越高，原因是留下的都是很喜歡此類型活動的受眾。在廣播圈，這種現象稱為斯特恩效應（Howard Stern effect）——斯特恩這位說話坦率的美國脫口秀主持人，從地面廣播電台傳換到天狼星衛星廣播電台（Sirius）後卻失去了許多聽眾，但因為留下來都是極度忠誠的聽眾，反而增加斯特恩主持的收入。

這不僅要考慮質與量之間的取捨，事實上，親密人群相較於眾多人群，參與者更可能集中注意力。在舒適爵士吧中的音樂迷，會比在泥濘地上參加節慶的人更集中注意力在參與活動。越多人付出注意力，可能會造成每個人願意給予更少的注意力。

十年過去了，這個鮮為人知的架構埋藏在通訊管理處已遭世人遺忘的文件中。然而，此架構不僅能告訴我們過去消費者如何分配注意力，也能告訴我們競爭性在未來將如何發揮作用。

我們都在和睡衣競爭

面對沙發、Netflix 和睡衣提供越來越舒適方便的享受，許多娛樂活動產業應對的速度卻十分遲緩。其中一項證據就是美國的特色娛樂活動：車尾派對（tailgating），球迷會在球場停車場，打開後車廂暢飲啤酒並享用烤肉，這樣在支持的球隊獲勝時就能聽到歡呼、共享喜悅，落敗時則能夠早一點回家。可惜的地方在於，球隊沒有經營臨時燒烤的生意，他們只想要賣出門票。熱情十足的球迷願意走出家門來到球場停車場數個小時，但最後卻沒有買票進場，對球隊來說很可能錯失了商機。阻礙球迷進場觀賽的最大因素可能不只是昂貴的門票，還有昂貴的啤酒、熱狗和其他優惠商品，每一項的價格常常超過 Netflix 一個月的訂閱費用。

儘管穿著睡衣坐在家中觀賽的誘因越來越大，但有一支球隊正積極對抗這項趨勢，並確保球隊球場座無虛席，那就是亞特蘭大獵鷹隊（Atlanta Falcons）。球隊不惜重資為球迷打造豪華球場，並且以球迷能夠負擔的價格提供美味飲食。例如，亞特蘭大最好吃的披薩供應商，在球場的商品販售價格和市中心價格一致；一瓶原本要價六美元的礦泉水也降價到兩美元。就結果來說，獵鷹隊表示過去三年間球場內的所有商品售價持平，甚至有些商品還賣得更便宜，但 ARPU 卻提高一六%，原因是商品銷售量增加九成。透過確保球迷買票進場，球隊達成了目的，並且藉由獲得球迷注意力而獲利。

我們只需要看看最近的遊戲產業，就能了解未來的注意力競爭性將如何發展。遊戲產業需要不斷創新才能贏得注意力，遊戲常常透過模擬現實甚至影響現實的方式實現創新。電玩向來就是商人尋找吸睛噱頭的靈感來源。

我們以美式足球為例。美式足球一直與電視有強烈連結。石英財經網的共同創辦人西沃德（Zach Seward）計算出美式足球平均一場要打三小時十二分鐘，但如果只加總真正有在打球的時間，卻僅有十一分鐘。比賽變成商業廣告的副產品，因為一場比賽有超過二十段廣告時間，播出超過一百則廣告。如果這還不夠讓人反感，再看看以下這個例子。表現向來不佳的傑克遜維爾美洲虎隊（Jacksonville Jaguars），季票僅賣四十美元；但要進入夢幻足球聯盟（Fantasy Football League）的休息室，一次要價金額就超過四十美元！

美式足球直播之所以能夠成功爭奪注意力、賣出廣告欄位的其中一個原因，就是美式足球模仿了電玩機制，特別是電玩公司 EA Sports 代表性作品《勁爆美式足球》（*Madden NFL*）。電玩遊戲率先採用的空中鏡頭，成了美式足球改變轉播方式的靈感來源。

另一方面，電視聯播網首先在螢幕上加上動畫黃線，標示進攻隊伍還需推進幾碼才能獲得第一次進攻機會；兩年後《勁爆美式足球》也採用了相同技術，這次倒是實體比賽先想出來、達陣得分，反過來影響了電玩遊戲。

相同情況不只出現在美式足球、美國電玩。許多世界撲克大賽（WSOP）的拍攝角度，包含從桌面下拍攝呈現選手底牌的方式，都是來自南韓一九九〇年代晚期到二〇〇〇年代早期的《星海爭霸》（*StarCraft*）電競節目的製作方式。這一次，是南韓電競的靈感創意影響了真實世界的撲克遊戲。

沉迷遊戲和 Netflix 的不同之處在於，參與內容所需付出的心力不同，大部分的遊戲體驗會讓玩家緩慢但逐步提升遊戲技巧。著名心理學家契克森米哈伊（Mihaly Csikszentmihalyi）提出一個模型，可以解釋這種深度參與遊戲的「心流」（Flow）狀態：「當目標明確、得到正向回饋，而且挑戰難度和技巧達到平衡時，注意力會形成一種秩序並完全投入。」

契克森米哈伊提出一個遊戲設計廣泛應用的最佳參與模型。當遊戲對玩家的技巧來說

心流理論

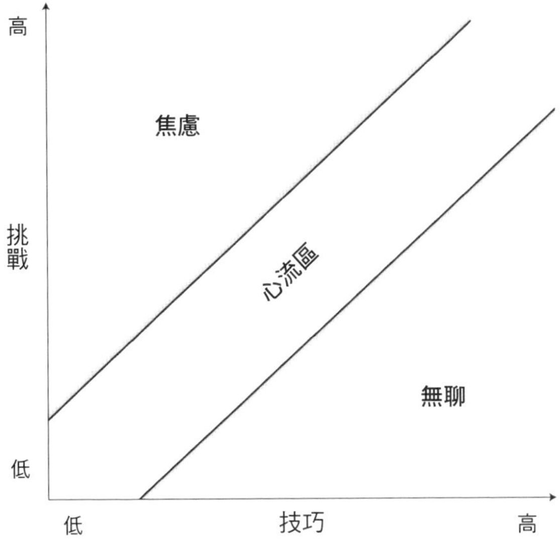

資料來源：米哈里‧契克森米哈伊，《心流：高手都在研究的最優體驗心理學》

挑戰性過高時，會讓玩家感到焦慮；但難度過低時，又會讓玩家感到無聊。因此，遊戲設計的訣竅就是先提供符合玩家技巧水準的挑戰，然後隨著玩家技巧升級逐漸提高遊戲難度。

使用 TikTok 的時候，可以發現心流理論每三十秒就會發揮作用。TikTok 體驗的特色之一，就是使用者必須滑動手機才能看到下一部影片——請將這個體驗和 Netflix 自動播放下一集的功能做比較。TikTok 藉由要求使用者滑動手機，確保使用者每三十秒就要注意一下

apps，比起 Netflix 的自動播放，這項特色很可能提高了使用者的參與度；Netflix 的影片很可能只是在背景播放，使用者根本沒有在觀賞。TikTok 這項功能鞏固了心流理論：藉由要求使用者在能力範圍內付出一點心力，其實是一件好事，因為這能保證使用者持續專注。

然後遊戲界的「黑天鵝」——也就是 COVID-19 疫情爆發了。

由於 COVID-19，數位破壞性創新的挑戰直接襲來，影響包含注意力在內的所有一切。注意力經濟學的原則告訴我們，要將注意力的價值最大化，電玩遊戲在全球疫情中脫穎而出已經不足為奇，無論是吸收的注意力或營收方面都衝到歷史新高。原本數十年沒有玩遊戲的成年人，很多都回頭來玩遊戲，許多人購買遊戲機來度過二〇二〇年全球封城的日子。小孩以前會在校門口聊天，現在都轉移到《要塞英雄》（*Fortnite*）遊戲中。音樂產業歷經了二十年的血淚史，才終於迎來全球三億四千一百萬數位訂閱使用者，但音樂產業要知道的是，《要塞英雄》僅僅花三年時間，就吸引了三億五千萬名玩家。此外，每人每日收聽串流音樂的平均時間不到兩個小時，但玩家每次玩《動物森友會》（*Animal Crossing*）的時間卻高達約九個小時！

為什麼遊戲能獲得消費者青睞？遊戲的設計方式就是為了迎合我們稀缺的注意力，玩家從零開始，花費心力，獲得獎勵，達到長時間的娛樂，其他媒體並不會像遊戲一樣針對稀缺的注意力設計。無論是想獲得更高分數，通過下一個關卡的渴望，或者只觀看職業玩家的比賽實況並希望達到他們的水準，遊戲的獨特設計就是有意的刺激玩家長期「消費」遊戲內容，但音樂和影片並沒有這樣的刺激機制。

本章一開始問了大家一個問題：「如果要你全神貫注在一件事上，需要付多少錢？」這個問題問的並非是你的注意力價值多少，而是如果要你放棄其他娛樂的價值是多少。這就是虛擬實境（ＶＲ）受到大家關注的原因，因為虛擬實境需要你全神貫注的參與。不過就像「狼來了」故事中的小男孩一樣，ＶＲ承諾能帶來新世界，但每每無法實現承諾。隨著現在硬體設備越來越便宜、性能越來越好，那隻狼已經來到了家門口，線材和延遲問題都同時消失了。

從注意力經濟學的角度來看，ＶＲ極有可能贏得注意力爭奪戰，因為ＶＲ目標是提供「頂級體驗」。我們許多人心中都渴望「升級」，認為裝置越先進就能獲得更好的媒體體驗，現在的問題已經不是有沒有可能，而是何時ＶＲ才會成為廣大市場中值得升級的選項。頂尖ＶＲ開發商 Survios 的執行長格爾森（Seth Gerson）在反思ＶＲ體驗的競爭對手時說：「ＶＲ就像度假一樣。夜總會都會使用『天鵝絨繩』（velvet rope）分隔ＶＩＰ休息室，現在媒體產業也有了，和天鵝絨繩一樣都可以用ＶＲ簡稱！」

ＶＲ能取得優勢的其中一項原因，是替代選項的價值下降。在電影院觀賞影片時，可能有人開著明亮的手機螢幕發訊息；運動比賽幾年來的規則又毫無創新。再回頭看看美式足球面臨的挑戰吧，父母親可能會擔心小孩玩美式足球時腦震盪或受傷，不希望小孩玩美式足球；美式足球固定的比賽規則，已經太容易預期結果的達陣後加分射門，都可能讓觀眾感到無聊，轉為從事其他活動。都可能讓觀眾感到無聊，轉為從事其他活動。即使美式足球的管理機構——國家美式足球聯盟（NFL）能做出改變，像是讓比賽更安全和刺激，但因為既有的規則和規定限制，需要花很長的時間，而且改變必定十分緩慢。相反的，VR並不受到舊有羈絆限制，開發人員不必花費數年時間，只需要數個月就可以因應需求讓遊戲更刺激且安全。現實和虛擬兩艘相似的船隻，在夜裡悄悄擦身而過。

VR可能會進軍美式足球和其他運動，但開發者將目光投向更遠大的目標：好萊塢現在要拍攝電影十分困難，無論在演員、工作人員和拍攝地點，都受到許多規則和規定限制。此外，製作期還受到像 COVID-19 毀滅性影響。VR則繞過這些阻礙，不但能夠輕鬆適應遠端工作，還不需要獲得任何核准。

遊戲已經逐漸趕上所有好萊塢影片的價值，而且很快就會吸引更多消費者。[8] 如同音樂串流能夠領先廣播和電視吸引受眾（翻轉了傳統事件順序，我們將在下一章中深入探討），從事件順序中很快就會找出轉折點，而且很快就能看到遊戲引領風潮，好萊塢緊跟在其後。

＊

這一章之所以稱為〈付出注意力〉有其原因。《專注力協定：史丹佛教授教你消除逃避心理，自然而然變專注》（*Indistractable: How to Control Your Attention and Choose Your Life*）一書的作者艾歐（Nir Eyal）指出：「我們的時間和專注具有價值。」講到這裡，句法也十分重要，英文是說「付出」（pay）注意力、西班牙文是「借出」注意力、法語是「引起」注意力、瑞典語是「給予」注意力。如果同時計算母語和非母語使用者，英文仍是全球最多人使用的語言，許多說英語的人也只會一種語言，所以其他外語人士也必須習慣「付出」注意力的用法。

現代社會要消費者付出注意力十分困難。注意力是一項稀缺資源，許多活動都想要吸引你更多的注意力，也就表示你必須放棄某些活動。你可以這樣思考注意力的限制：當你在開車但天氣突然變得很糟，你會把收音機關掉，為什麼？因為你能吸收的資訊量有限，需要注意車外的狀況，讓你無法注意車內的娛樂。當我們的注意力達到極限時，就必須放棄一些活動。

我們每天的時間有限，如果其中一名注意力商人獲得大量注意力，剩下的注意力商人能分到的就十分稀少。但注意力並不總是零和遊戲，了解競爭對象是朋友還是敵人，即是注意力難題中重要的一部分。

科技平台的領導者已經清楚了解競爭性，它們部署策略以確保裝置和產品能夠獲得我們的注意力。領導者在科技生態系統中建立競爭障礙，或在潛在競爭者有機會造成衝擊前，就預先收購競爭者的公司。比如臉書依序買下了 Instagram 和 WhatsApp。年輕的受眾就算不使用臉書，注意力卻依然掌控在臉書手中。臉書打贏了注意力戰爭，但現在要面對的是排除競爭者，或是盡可能收購競爭者的無盡戰爭。

無數公司、組織和個人不斷敲著我們的心門，爭奪我們的注意力，並且使用開發的複雜工具，在我們不願意免費給予的情況下，吸引我們的注意力，因此我們要專注在任何一件事情上看似幾乎不可能。然而，我們確實會專注在某些事物上，每個人都會有一首反覆收聽最喜愛的歌曲，或者沉迷在某齣電視劇中，甚至覺得自己已經離不開某個社群媒體平台。我們有時還會將自己的注意力和其他人的注意力綁在一塊，致贈給某件特定的文化藝術品，像是排行榜第一名的歌曲、電影大片和超夯的 apps 等——這些熱門的流行文化，為什麼某些商品在這個注意力需求高漲的世界中，依然能夠成功吸引群眾呢？

章節附註

1 坎普（Todd Kemp）〈精準執行的轉調造成的完美假象〉（The Perfect Illusion of a well- executed key change），「*Medium*」網站，二〇一六年九月。

2 科普夫（Dan Kopf），〈串流經濟學讓歌曲越來越短〉（The economics of streaming is making songs shorter），「石英財經網」（*Quartz*）網站，二〇一九年一月十七日。

3 〈串流經濟學正在改變流行歌曲〉（The economics of streaming is changing pop songs），《經濟學人》，二〇一九年十月。

4 利特菲爾德（Andrew Littlefield），〈沒錯，你的注意力時長比金魚還短〉（No, you don't have the attention span of a goldfish），「*Ceros*」網站，二〇一九年一月。

5 加伯（Megan Garber），〈古代世界大資料：掌聲的簡史〉（A Brief History of Applause, the "Big Data" of the Ancient World），《大西洋》（*The Atlantic*）雜誌，二〇一三年三月十五日。

6 通訊管理局使用下頁圖表總結研究結果：研究團隊要求受訪者在一週內每次進行任一項媒體活動時，就記錄下「付出注意力」，以一到五評分，五分代表「所有注意力」，並將結果對應到橫軸上。在調查結束後進行的態度調查中，研究團隊會詢問受訪者各項媒體活動對受訪者的「重要程度」，以一到十評分，一分是「一點也不重要」，十分是「非常重要」，並將結果對應到縱軸上。

7 拉菲爾（Rina Raphael），〈Netflix 執行長哈司廷斯：睡眠是我們的競爭者〉（Netflix CEO Reed Hastings: Sleep is Our Competition），《高速企業》（*Fast Company*）雜誌，二〇一八年十一月。

8 遊戲產業市場研究和分析公司 IDG Consulting 發現，最慢到二〇二一年，電玩的價值將超越傳統電視、家庭娛樂和電影，成為最有價值的垂直媒體。

第三章

吸引群眾

當你辛苦了一天，準備放下手邊工作回家時，順路到正在加班的同事辦公桌前，向他們友善的說聲再見，這麼做很可能有所收穫，你永遠不知道在離開公司前能夠學到些什麼。同事間情感交流的時刻能夠創造一種獨特氛圍，忙碌工作一整天沒辦法分享的小知識，通常就會利用這個時機交流。

正是這些在最意想不到的時刻收到的「小寶石」，最有可能帶來經驗上的啟發。知識交流的時刻會迫使你完全改變思考方向。很遺憾的，我在二〇一五年十二月、一個寒冷黑暗的冬夜才學到這一課。

一年前，我偶然發現崔娜（Meghan Trainor）在二〇一四年發行的搞怪歌曲〈棉花糖女孩〉（All About That Bass）曾引起一場爭議。新聞標題聲稱這是第一首完全沒有借助實體或數位銷售、單靠串流就進入英國排行榜的歌。

一九五二年英國首次推出單曲排行榜時，就一直以銷售量做為排名標準。二〇一四年，因為聽眾行為的轉變，迫使排行榜必須彆扭轉型，將串流納入考量。音樂產業一致認同採用一百比一，也就是每一百次串流相當於一筆銷售的方式，做為排行榜的換算標準——我認為這種換算方式是將未來的串流轉換為過去的銷售，我都戲稱是將電子郵件類比為傳真。崔娜的歌曲正巧在 iTunes 上線提供下載的前一週，就出現在 Spotify 之類的串流服務上，無意間吸引許多聽眾，足以讓這首歌登上排行榜前四十名。

我的好奇心促使我查詢了美國方面的資料，當時許多人認為〈棉花糖女孩〉是一首「沉睡的熱門歌曲」，也就是經過極長時間才登上排行榜冠軍。這首歌在七月底首次登上單曲排行榜前一百名熱門歌曲，一直到九月初才登上冠軍位置，踢下泰勒絲（Taylor Swift）的〈通通甩掉〉（Shake It Off），讓崔娜成為史上第二十一位首張專輯就在排行榜登頂的女歌手。「沉睡的熱門歌曲」無意間登頂了，但我卻有心想找出原因。

〈棉花糖女孩〉的復古演出風格，讓人回想起一九五〇到一九六〇年代的歌曲。副歌讓人朗朗上口，無論任何年紀或人生階段的聽眾，都會受歌曲節奏吸引。你第一次聽到這首歌曲時，會感覺似曾相似，然後就會讓你想再聽一次。身為一名數據魔人，我又重新檢視一次這首熱門歌曲的資料。美國的一首「沉睡的熱門歌曲」，如何在一個月時間夢遊到排行榜冠軍呢？

我唯一能找到一項〈棉花糖女孩〉的領先指標，就是這首歌在音樂神搜（Shazam）上十分熱門。音樂神搜出現之前，如果你在車上收音機聽到一首喜歡的歌曲，就只能寄望在

DJ說出歌名之前你還在車上。如果使用音樂神搜，你只需要滑開手機並按下一個按鈕，也就是音樂神搜中的「標記」（tag），apps 就會顯示正在播放的歌名和歌手。音樂神搜搭建起一座橋梁，讓你在廣播中聽到歌曲後，能夠馬上在裝置中找到歌名。

以音樂神搜上的熱門程度，當成〈棉花糖女孩〉成功的領先指標，卻還完全說不通。要在音樂神搜上標記一首歌曲，首先必須在日常生活中聽到這首歌曲。〈棉花糖女孩〉完全翻轉了事件的先後順序，原本歌曲應該是在廣播上播出，音樂神搜上才會開始熱門，然後銷售量和串流量隨之提高；但〈棉花糖女孩〉卻是由音樂神搜引領，銷售和串流量因此提高，最後廣播才開始播放。〈棉花糖女孩〉一開始並沒有在任何車內音響播放，那麼音樂神搜的標記究竟從何而來？我完全沒有想法，而且某些研究也指出，還沒有任何人推論出其原因。

這個問題整整困擾了我一整年。要不是那天離開辦公室前我多走了一段距離，向同事們說聲再見，這個問題可能直到今天都還繼續糾纏著我。

Spotify 的倫敦辦公室俯瞰倫敦最知名的攝政街（Regent Street）。擁擠的人群一邊忙著聖誕前夕的最後採購，一邊欣賞頭上的聖誕吊燈。我每天都工作得很晚，但那天需要做的事情幾乎都搞定了，因此我決定要早點回家。辦公室約有一百張辦公桌，到了夜晚時分，只剩幾張還有人在工作。我一時心血來潮，決定向每位同樣加班工作的同事說再見。走到門口時，我看見好友艾蜜莉（Emily ffrench Blake），她已經在美國旅行了好幾週，還在忙著參加美國那邊後續的會議。為了不要打擾她開會，我走出去之前只輕聲說了一句：「別工作得太晚。」

正當我在等電梯時，艾蜜莉叫住了我：「佩奇，回來一下！我想給你看看我上週在西雅圖學到的東西。這就是解開崔娜謎團的關鍵！」她指著寫滿筆記的投影片說。因為艾蜜莉上週都在星巴克（Starbucks）的西雅圖總部工作。

我問艾蜜莉，為什麼接近兩年前的歌曲會在西雅圖會議上引發討論，更何況那還是場咖啡公司的商務會議。她很快拿出更多文件，上面寫滿筆記：「星巴克是美國最多人聽到歌曲後使用音樂神搜的地方。」她提出一個新想法：是不是因為〈棉花糖女孩〉在門市中播放，導致歌曲早期在音樂神搜上的搜尋量暴增？艾蜜莉的想法是，星巴克的店鋪數量之多，儼然成為美國最大的廣播電台。聽起來像在胡扯，星巴克是在賣咖啡，又不是在讓新歌曝光。

但艾蜜莉十分老練，臉上不禁露出興奮的表情。

「佩奇你看，這些數字不會說謊。一家美國大型的ＦＭ廣播電台，一個月可能會觸及六到七百萬名聽眾。但是，星巴克單在美國就擁有一萬四千家店面，服務約四千萬名消費者。這麼多人花時間排隊點咖啡、等待餐點，花更多時間喝咖啡，每個人停留在星巴克的時間接近半小時，這段時間都在聽音樂。如果他們聽到什麼喜歡的歌曲，就會使用音樂神搜找出歌名。」

我開始將這些線索串聯起來：我重新研究音樂神搜，找出一天中崔娜標記所出現的時間點。資料充分支持艾蜜莉的想法：無論在哪個時區，標記都出現在早上八點到十點間，正是人們排隊、點餐、喝晨間咖啡的時間。星巴克相當於一間龐大的廣播電台，只是和我們一般所認為的電台長得不太一樣。艾蜜莉改變了我的想法。現在不只電台和電視等傳統管道有能力吸引群眾，無論人們聚集在什麼地方，即使每個人各有差異，依然還是群眾。我們要找的就是群眾，一群擁有注意力、能讓我們吸引的人。

半個世紀以來音樂十分仰賴電台播音員（在電台專門負責播放音樂的人員）的影響力，但現在正在思考是否要使用串流清單播音器取代播音員。崔娜讓我意識到，或許應該考慮看看星巴克播音器！如果唱片公司想要塑造熱門歌曲，就必須知道歌曲可能會經由各種不同管道變得熱門。

我時常回想起二〇一五年十二月底要離開辦公室的那個晚上。這是我最喜歡用來解釋為什麼需要隨時「準備好重新檢視我們的推理」的例子。我們擁有超多資料，但是卻不知道資料從何而來，這在第八項原則「大數據，大錯誤」中將會深入探討。這個例子也提醒大家，離開辦公室前記得要和加班中的同事說聲再見。

另一個吸引群眾時會面臨的挑戰是，現在所有的媒體資訊都大量暴增。美國的報告顯示，每年出版的新書超過八十五萬本，書籍越來越多；美國二〇一九年播放的電視劇超過五百部，電視節目也越來越多；歌手和歌曲越來越多，人們全天候收聽音樂的方法也越來越多。在吸引群眾的爭奪戰中，我們面對的是更大的房間和更多的群眾，而且更難觸及站在後方的群眾。

從一九四八年哥倫比亞唱片（Columbia Records）發行第一張黑膠唱片開始，想測量音樂廳中有多少群眾就需要借助估算的方法。一九四八年到一九五八年總共發行一萬三千張專輯，平均每年一千兩百張專輯；當然早期的發行量較少，而晚期的發行量較多。到了一九六七年，供應端發生重大變化，專輯成為音樂產業供應鏈中十分重要的部分。《告示牌》雜誌估計，截至一九七〇年為止，每年約有五千張專輯發行。

來到尼爾森音樂統計公司（Nielsen Soundscan）的時代，此時已經有了硬數據：一九九〇年代中期，每年發行的專輯數來到兩萬七千張；一九九〇年代晚期則增加到三萬張；二〇〇五年左右，則約為六萬張。二〇一〇年來到下載的高峰，串流量也正準備飆升，此時一年約有九萬張專輯發行，而且因為串流降低了專輯發行門檻，二〇一三年時達到每年十二萬七千張。

現在，串流公司每天新增約五萬五千首不重複的歌曲，每月可達百萬首，即一年相當於新增超過百萬張專輯。隨著串流進入新市場，特別是印度、中國和非洲市場，可以預期這個數字在未來將持續成長，而且速度越來越快。從一九九〇年代每年發行三萬張專輯，到現在每年超過百萬張專輯，音樂廳已經和過去完全不同，需要重新制定規則。

歌曲因為吸引聽眾，才能成為熱門歌曲。有一句古老格言說得很正確：「人紅是非多。」（歌紅了，就有很多人搶著沾光、搶功勞）。接下來我將討論過去的群眾如何被吸引，因為過去的經驗將幫助我們了解未來熱門歌曲將如何脫穎而出。

我們可以利用「凱因斯選美競賽」（Keynesian Beauty Contest）的概念，協助了解守門人的角色在近幾年如何轉變。一九三六年，經濟學家凱因斯（John Maynard Keynes）利用報紙選美比賽來類比投資選擇。比賽方式為，報紙刊登數百張美女照片，然後請讀者寄信選出自己認為最漂亮的美女，選擇最接近前六名最受歡迎美女的讀者將獲得獎勵。凱因斯寫道：

「我們並不是選擇自己的最佳判斷下真正最美麗的面孔，甚至不是選擇一般人認為最美麗的面孔。我們需要想到第三層，必須發揮智慧預測一般人所認為一般人認為最美麗的面孔。」

換句話說，要贏得比賽必須正確猜出其他人的想法。想獲勝並不需要打敗系統，而是要成為系統的一部分。藝術和商業有許多共同點，譬如兩者的週期性波動都十分的大，如果今天評審貌似喜歡某種特定類型的音樂或書籍，唱片公司和出版商明天就都會圍繞這個類型進行投資；如果某檔股票在收盤時顯得頗具吸引力，市場再度開盤時，成群散戶投資人就會搶買同性質的股票。但這些規則已經改變了，現在殘酷的事實是，評審喜歡的商品不一定能得到消費者青睞。

泰山經濟學意味著放棄守門人掌控的「一對多」廣播模式，並且掌握平台促成的多個「一對一」關係。選美比賽中的評審已經無法再影響其他人的觀點和意見，評審原本嘗試預測受眾的想法，但是現在受眾都擁有自己的想法。過去的評審（守門人）已經失去重要性，因為在消費者擁有豐富選擇的世界中，評審已無法發揮應有的影響力。

守門人消失的影響範圍遠遠不只在音樂世界，還包含文化、新聞和政治。過去我們對世界的認知都受守門人的影響，而且有一種感覺，沒有他們的世界與之前的世界沒有太大的關係。但吸引群眾的某些基本原則一直未曾改變，藉由探討守門人依然極具影響力的兩家企業，就能了解其中的兩項基本原則。這兩家企業分別是廚房家具公司特百惠（Tupperware）和淘兒唱片（Tower Records）。

情緒感染

知名電視台主管巴澤爾傑特爵士（Sir Peter Bazalgette）在千禧年帶給英國電視界《老大哥》（*Big Brother*），他熟悉內容的病毒式傳播技巧，讓這齣實境節目內容深入，遠遠超出反映現實生活，因此博得極高的收視率。巴澤爾傑特爵士出版的《移情本能》（*The Empathy Instinct*）一書，解釋了吸引注意力並且助長它傳播的心理學。巴澤爾傑特爵士同意，男人和女人大多數地方差異不大，但「移情」卻是一個例外，不只女人，就連小孩也比男人更容易移情。巴澤爾傑特爵士所稱的情緒感染，最早出現的、也是廣泛的移情主題第一次發生的時機，就是當一個嬰兒哭鬧時，另一個嬰兒也會跟著哭，而且通常女孩會比男孩更早哭。就算成年，看到另一個人在打哈欠，女性也比較可能跟著打哈欠——這是另一種情緒感染的現象。巴澤爾傑特爵士認為，我們的注意力存在「跟隨領導者」的動能，我們會在其他人做出反應時跟著做出反應。巴澤爾傑特爵士告訴我們，為什麼情緒感染在捧紅商品時十分重要，由於現今社群媒體的影響越來越深，更是助長他的理論越燒越旺。[1]

因為市場越來越擁擠，你不僅需要靠受眾的認可來提高熱門度，還需要病毒式傳播。

病毒式傳播發生在每位新使用者分享你的內容給更多人的時候，內容觸及率會藉此擴張。喜歡內容的受眾不能只是喜歡，還要願意分享內容。病毒式傳播常常會嵌入產品功能中，只要使用該產品，就會讓產品去傳播。臉書就是一個最明顯的例子，只要你在平台上註冊，會促使你邀請更多朋友一起使用。支付平台和法律軟體也是如此，採用新的開發票軟體，意味著所有供應商都需要使用相同的軟體，因為他們想要順利收到款項。

「病毒式傳播」一詞聽起來像是誕生在二十一世紀初的矽谷，當時出現人們可以上傳照片、讓網友評價好不好看的「Hot or Not」網站，以及會自動在每位使用者電子郵件下方加上邀請連結的 Hotmail 這類電子郵件服務。然而，病毒式傳播的起源其實可以追溯到二戰後的數年，當時有一位美國單親媽媽展示了如何讓想法快速傳播。

一九四六年，發明家特百（Earl Silas Tupper）設計了一個神奇密封碗，可以長保食物新鮮。密封條是美國廚具的創新發明，能夠更容易將剩菜保存更久。在特百的發明出現前，負責做菜的家庭主婦往往會把浴帽蓋到剩菜上，不但難看，效果也不甚理想。

競爭對手是浴帽的話，特百惠的商品應該能輕鬆賣出，但是光使用報紙和店內展示的大規模行銷活動並無法吸引群眾，原因是這項商品不但極不顯眼，也無法馬上知道商品用途。由上而下的廣告或許能提高觸及率，但是並無法建立承諾，也就是保證商品購買後有用，消費者並不了解特百的神奇碗該如何使用。密封蓋子來「鎖住新鮮」並不是件容易的任務，摸索這項新商品也讓消費者十分挫折。極少數購買特百神奇碗的消費者中，有大多數人表示蓋子蓋不上去而退貨。

密西根迪爾伯恩的單親媽媽懷斯（Brownie Wise），此時在故事中登場。懷斯是史丹利家庭用品公司（Stanley Home Products）的批發商，她注意到特百惠的產品十分適合拿來展示家具用品。懷斯展現了她的零售商直覺，放下其他史丹利家庭用品公司的商品行銷，全心投入在她所創辦的「Poly-T派對」上。不到十年的時間，懷斯建立了橫跨全美的婦女社交網路，舉辦稱作「特百惠派對」的活動，並在活動上展示這些塑膠商品的使用方式。「丟掉浴帽，然後將剩菜做成新料理。」就是特百惠銷售團隊的行銷口號。

每位特百惠銷售員都會召集自己社交網路的好友、鄰居和親戚參與派對。這些有意願主辦派對活動的人都經過自我篩選，擁有幾項優勢：她們都有強大的社交網路；此外，也有極高意願擔任銷售員。每位派對的女主持人會邀請自己社交圈的婦女朋友參加，然後邀請參加派對的朋友舉辦自己的派對，這些舉辦派對的朋友又會邀請自己社交網路的朋友參加——藉由口耳相傳的方式，同時在全美所有客廳中宣傳「特百惠」的品牌名稱和商品使用方法。聰明的銷售員能夠根據特徵找出聰明的女主持人，就像是現在商人會在社交網路上尋找「網紅」一樣。

在懷斯的特百惠訓練手冊中，指導銷售員利用社交網路散布想法的見解整整領先當時五十年：「每場派對上，三種人都必須得到好處：銷售員可以販售商品、女主持人可以獲得身分地位、客人可以參與社交互動。」只有在所有參與者都認為能夠互利的情況下，派對才會成功。此外，派對最大的優勢是，參與聚會的婦女支持的都是「自己人」，而非不請自來的陌生銷售員。

多虧了懷斯的群眾吸引網路，特百惠的銷售額飆升，在一九五四年達到兩千五百萬美元，相當於二〇二〇年超過兩億三千八百萬美元。史密森尼學會的艾斯納指出，神奇碗、製作冰棒的冰棒盒和餐點分隔盤「派對蘇珊」等商品，呈現了戰後家庭娛樂和庭院派對的新生活。[2]到了一九五四年，特百惠已經有兩萬名銷售員、經銷員和經理。技術上來說，所有人都不是特百惠的員工，她們是私人承包商，擔任公司和消費者之間的橋梁。

一九五〇年代特百惠病毒式傳播的成功帶給我們三項經驗。首先，病毒式傳播取決於群眾參與，而非商品本身。特百惠使用由上而下的行銷方式吸引群眾，卻以失敗告終；懷斯則採用完全相反的、由下而上的方法吸引群眾。此外，懷斯也率先利用零工經濟（gig economy）的優勢，為需要的人提供彈性工作機會。

第二，特百惠派對能夠病毒式傳播，是因為網路效應從多個方向擴大商業規模，更多的銷售員帶來更多派對，派對吸引更多消費者，然後又能招募更多銷售員……如此良性循環下去。我們之後會進一步了解，特百惠很可能為隨後的「飛輪」（flywheel）理論奠定了基礎。

第三，一九四八年懷斯的訓練手冊寫下：「事實證明，一次向十五位婦女一起推銷，效果比個別推銷還要好。」這便利用了群體動力學的從眾心態、害怕錯過和降低社交門檻等因素，進而促使消費者購買商品。因為在群體之中可以很快找出並分享先前未發覺的商品新應用方式，創造為共同利益解決問題的文化價值——這樣的狀況就如同 YouTube 上每天觀看數達五億次的教學類影片。

「謊言有三種：謊言、該死的謊言和統計數字。」我們在處理棘手的「長尾」（long tail）問題時，需要隨時將馬克吐溫的名言放在心裡。在任何實體店中，通常由少數能夠從店家櫥窗看到的商品，構成了主要需求，稱之為「頭部」（head）；還有許多通常放在商店後方的利基商品，構成極小需求，稱為「尾部」（tail）。實體店面的貨架空間有限，因此會使用八十／二十法則：八〇%的需求來自二〇%的商品，剩下八〇%的商品則只占總需求量的二〇%。

二〇〇四年《連線》（*Wired*）雜誌編輯安德森（Chris Anderson）討論長尾的著名文章，以及二〇〇六年出版的同名書籍皆提到，數位市場提供消費者更多選擇，並且認為消費者將無可避免的接受這些選擇。安德森的理論認為，需求將會從頭部轉移到尾部，偏離八十／二十法則，讓尾部的比例變更大。安德森聲稱，因為需求轉移的關係，尾部會變得更長（更多選項）且更胖（尾部選項有更多需求）。這個理論將為先前提到的利基商品創造可行的商業模式，並且降低傳統守門人控制市場的能力。

這張常見的長尾圖也將安德森的理論應用到音樂上。下面這張圖表，比較了安德森發表這篇著名文章的時候一般實體零售店面的庫存量，以及當時獲得授權的串流服務公司Rhapsody擁有的更大庫存資料。二〇〇六年，安德森的書籍出版時，沃爾瑪（Walmart）這類實體零售商通常庫存了五萬兩千首歌曲、包裝到四千張專輯中，這些專輯形成所有歌曲分布曲線的「頭部」。當時的消費者已經開始利用串流服務，Rhapsody這類數位音樂串流服務提供的其他歌曲選項，數量約為額外三百萬首歌曲。現在，串流平台的歌曲數量已經膨脹到超過六千萬首。如果安德森的長尾理論正確的話，消費者需求必須從先前實體店面提供的歌曲，轉移到只有數位服務才能找到的歌曲。

消費者需求從熱門商品轉移到利基商品，就是《長尾理論》一書的核心理論，副標題「打破八十／二十法則，獲利無限延伸」也強調這一點。仔細想想，強調賣出長尾、獲利更高的書籍竟成了暢銷書籍，也是頗為諷刺。這不僅是本暢銷書，也成為了一種信仰。提供無限選擇就能在未來致富的想法，對企業家和投資人都頗具吸引力，他們都很想取代傳統內容產業守門人。這些守門人有權影響哪些商品能夠幸運的陳列在店面展示櫃，並且保

長尾

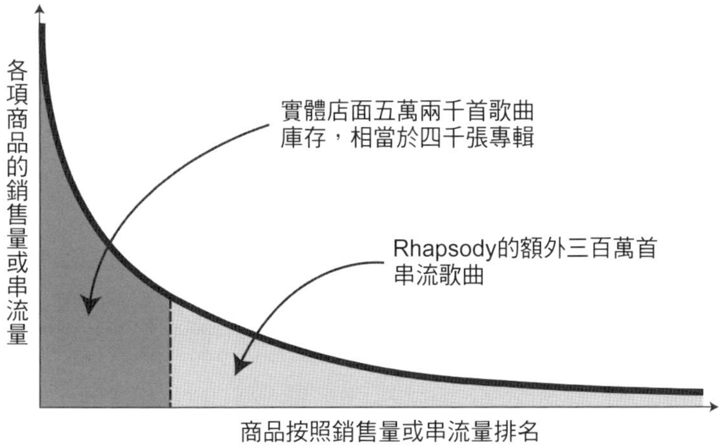

資料來源：整理自安德森，《長尾理論：打破 80/20 法則，獲利無限延伸》，《連線》雜誌，二〇〇四年。

護這些商品。新的企業建立在長尾理論上，創投也蜂擁而至。哈佛教授艾爾伯斯（Anita Elberse）卻是批評長尾理論的其中一人，她二〇〇三年的著作《超熱賣商品的祕密：哈佛商學院最受歡迎的教授告訴你——娛樂產業的「超強檔策略」如何翻轉長尾理論，引領贏者全拿的世界》（*Blockbusters: Hit-Making, Risk-Taking, and the Big Business of Entertainment*）提出，我們需要重新回到頭部，才能擁有成功商機，正如俗話說：「要玩就玩大的，不然乾脆回家。」但諷刺的是，艾爾伯斯的書籍並沒有像安德森的書籍那麼暢銷，艾爾伯斯討論熱門商品的書籍落入長尾，但安德森討論長尾的書籍卻進到頭部！

隨著數位市場成熟，安德森的書籍和核心理念不斷出現爭議。消費者對熱門商品的需求依然強勁，甚至更甚以往；想靠長尾賺錢的人，收入反而無法達到期望。長尾理論可能觸動我們的情緒，塑造出一種財富由富人重新分配給窮人、無私的願景——更長且更肥大的尾巴，繪製出一幅更民主的媒體產業畫面，好像更多的選擇代表產業能夠滿足更多不同喜好的消費者，非主流歌手也能在音樂產業中生存。然而，當我們沒有看到符合情緒的結果時，就會想要批評長尾理論，甚至是負責實現長尾理論的平台。

長尾理論的爭論和批評，來自於將百分比和絕對數字錯誤混淆。這樣的困惑也會在討論不平等的政治談話中體現，政治人物不斷提及擁有特權的「前一%」，以及這一小群人拿走了大部分的財富。同樣的貧富差距在媒體產業中也適用（上述的「前一%」很可能也是媒體報導說的）：年度巨作帶走了多數財富，留下的殘渣供剩下的長尾小眾內容去爭食。我們在爭論富人越富、贏家通吃的時候，需要重新回顧我們長久以來如何定義富人和贏家。

為了避免混淆，我們需要釐清百分比並重新計算絕對數值。雖然有些人認為八〇%長尾的歌曲會越來越受歡迎，但實際上音樂產業正在爆發性成長，現在的二〇%頭部比起之前的尾部包含更多首歌曲。一些簡單的數字計算就能證明上述觀點：如果某串流服務提供四百萬名歌手和六千萬首歌曲，一％就代表四萬名歌手和六十萬首歌曲，遠遠超出實體店面有機會擺放到貨架上的數量。安德森的理論認為，需求會轉移到尾部，讓尾部更肥大，但他卻忽略整條曲線的總歌曲數正在成長。

為了解決尾部問題，我們需要回到一九九〇年代晚期和兩千年初期音樂產業的全盛時期，也就是數位盜版的破壞性創新出現之前。曾有一家實體零售商，提供與安德森以沃爾瑪為例截然不同的選擇數量：淘兒唱片。

在二〇〇四年底《連線》的文章吸引我們的注意力前，淘兒唱片早已歷經了興衰，但現在重新回顧，會發現淘兒唱片早在《連線》文章開始使用長尾一詞之前，就已經開始提供長尾服務。淘兒唱片的長尾故事，要從一九六〇年所羅門（Russell Solomon）在加州沙加緬度開張的第一家店面說起。在隨後四十年的起起伏伏中，淘兒唱片擴展它的商業帝國至十八個國家，總計約兩百四十四家店面。有一部紀錄片巧妙的命名為《萬物必將消逝》＊，它記錄淘兒唱片歷經亂流、最終在二〇〇四年宣布破產；安德森正好在同一年發表長尾理論的文章。這年也是百視達全面主導影片租賃市場的巔峰，但六年後也迅速陷入破產境地。

歷史對百視達和淘兒唱片並不友善，將兩家零售商描繪成頑固而不願改變的形象。但事實上，百視達的創新勝過大多數公司，所申請的數位創新專利超過許多實體店面的競爭對手。然而，百視達仍然無法取消對忠實消費者收取滯納金，Netflix 則注意到百視達的短處，並全力對此弱點猛攻。同樣的，淘兒唱片一路跌跌撞撞，可能犯過許多錯誤，但也在一九九五年開設了自己的官網，成為採用電子商務的領頭羊。

淘兒唱片的口號是「沒有音樂，沒有生活」，他們認為音樂並不是附加品而是必需品。為了滿足音樂需求，淘兒唱片嘗試提供相較競爭對手更多選擇，藉此不但要招來群眾，還要吸引群眾。消費者在淘兒唱片可不只會花上一個午休時間。淘兒唱片店內十分擁擠，排隊才能翻找唱片的狀況十分常見。所羅門根據三個因素，將提供給消費者的唱片選項最佳化：新發行唱片的供給、可用的貨架空間和消費者的需求。沃爾瑪和其他零售商也必須考慮相同因素，但與其他零售商不同的是，淘兒唱片擁有更大的陳列空間，因此能提供更多選擇，遠遠超過長尾理論認為實體店面能提供的商品選擇數量。

所羅門的團隊也負責商品篩選，團隊不僅擺上超越任何零售商、最多種類的音樂和文化雜誌商品，讓消費者能夠找到位於「尾部」利基商品中「頭部」的所有商品，同時也發行自家的《脈動》（*Pulse*）月刊，在店內免費贈送。《脈動》不但是一份月刊，雜誌厚度

＊譯注：片名"*All Things Must Pass*"源自於歌曲譯名。

更接近《滾石雜誌》（*Rolling Stone*），提供店家商品篩選方向，類似現今串流服務商擁有的熱門播放清單。

二〇一四年我很幸運的可以見到年近九十的所羅門，並向他學習應用在十八個國家、兩百四十四家店面的經營法則。消費者走進淘兒唱片時，會在店面空間中看到接近四萬張不重複的專輯，所羅門認為四萬張專輯是最佳數量。如果消費者在四萬張專輯中找不到想要的唱片，只要需求足夠，淘兒唱片就會根據「一進一出」的原則訂購，也就是訂購顧客需要的唱片，並且相對應移除另一張在貨架上乏人問津且滿布灰塵的唱片。

如果是位於紐約聯合廣場這類的旗艦店，所羅門會提供更多選擇，僅僅在旗艦店的古典音樂區域，就會擺上三萬兩千張不重複的專輯。一家店即便只有四萬張專輯，選擇數量也已經十分龐大，可能已經遠遠能滿足大部分樂迷的胃口。雖然淘兒唱片在二〇〇四年申請破產，但它們其實已經在每一家店面做到安德森的長尾概念。

我不會輕易使用「啟示」一詞，但以下分析實實在在帶來了一些啟示。我們使用來自MRC娛樂（MRC Entertainment，前身為尼爾森公司）的美國官方資料，繪製出二〇一九年的音樂需求，需要選擇四個閾值來測量分布的「頭部」，包含排名前四十、四百、四千和四萬名的不重複專輯，分別按照音訊串流（Spotify、Apple Music）、影片串流（YouTube、Vevo）、數位專輯（iTunes）和實體專輯（CD和黑膠唱片）區分。

前四萬名的專輯是我們聚焦的重點，因為這是十五年前消費者走進淘兒唱片店面可以看到的唱片數量，正好可以做為比較樣本。其他數量的排名也為長尾歷史增添額外色彩：前四十名是一般排行榜上的專輯數量；前四百名專輯可以在現今的超市或大賣場中買到；前四千名則是ＨＭＶ或沃爾瑪在二〇〇四年長尾吸引他們注意時，通常會進貨的庫存範圍，正好能用來代表二十世紀初庫存有限的實體零售商基準，並與數位貨架無限選擇進行比較。

接下來的這張圖表確實帶來驚喜。前四十名的專輯大約占總串流需求的二至三％（白色和淺灰長條），但占銷售需求的十分之一（深灰和黑色長條），這代表銷售模式更傾向熱門歌曲，與理論相符。

前四百名的專輯占串流需求量不到五分之一，下載銷售的四分之一，ＣＤ銷售則超過三分之一，呈現現今實體店面薄利多銷自然的長尾曲線分界點。

相同模式也出現在前四千名專輯中，這些專輯占數位串流的一半，但占實體銷售超過三分之二。有限的貨架空間可以用來解釋實體銷售需求集中在頭部，符合理論預測。但網路實體專輯零售商逐漸取得主導地位，像是從亞馬遜等通路購買ＣＤ，也會增加消費者的選擇，反向將黑色長條壓短。到目前為止，都符合長尾理論的預測：串流音樂選擇較多，需求集中頭部的情況較緩和，更多需求轉移到尾部。

淘兒唱片長尾

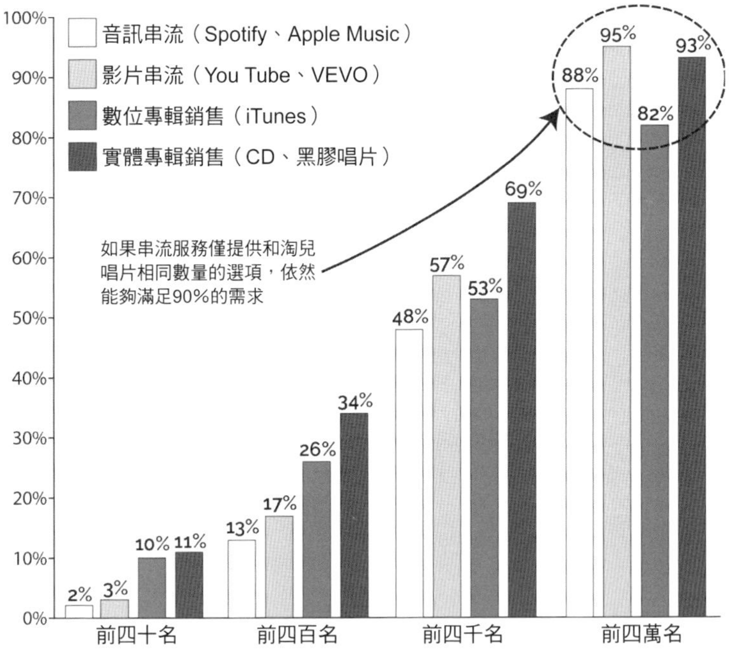
100%
90%
80%
70%
60%
50%
40%
30%
20%
10%
0%
音訊串流（Spotify、Apple Music）
影片串流（You Tube、VEVO）
數位專輯銷售（iTunes）
實體專輯銷售（CD、黑膠唱片）
如果串流服務僅提供和淘兒
唱片相同數量的選項，依然
能夠滿足90%的需求
2%
3%
10%
11%
13%
17%
26%
34%
48%
57%
53%
69%
88%
95%
82%
93%
前四十名
前四百名
前四千名
前四萬名

資料來源：MRC 娛樂

最後，當我們比較所羅門四萬張不重複專輯的「淘兒唱片長尾」，以及現今的數位市場時，就真的挖到寶了！串流服務提供六千萬首歌曲，如果庫存的專輯數量僅和二十年前淘兒唱片相同，那麼這前四萬名不重複專輯將占所有需求量的八八至九五％。

結果告訴我們，儘管數位串流提供無限歌曲選擇，現今大多數的需求量，依然能夠以實體形式存放在一九九〇年代常見的淘兒唱片店面。更直接的說法是，擁有超過六千萬首不重複歌曲，每天增加超過五萬五千首新歌的串流平台，就算去除其中九九．三％的歌曲，依然能滿足九〇％的使用者需求！

在繼續討論前，我要先提出一個重要但書：淘兒唱片並非總是擺放固定的四萬張不重複專輯，架上選擇可能有限，但會改變。我再次強調所羅門的零售理念：如果店內沒有你想找的稀有CD，只要需求夠大，淘兒唱片就會訂購，然後將另一張專輯從四萬張庫存中剔除；淘兒唱片在有限空間內，盡可能擺放需求量最高的四萬張專輯。雖然在淘兒唱片的時代，每年僅有三萬張專輯發行，其中一小部分會進到商店倉庫。相對之下，串流時代每週就有三十萬首歌進入資料庫，相當於三萬張專輯。

所羅門究竟掌握了什麼安德森及其他長尾理論推崇者所不知道的祕密呢？所羅門清楚了解，提供眾多選項才能吸引群眾，這遠比當時的任何對手都還懂得多，他知道有選擇比沒選擇好，但太多選擇並沒有比夠多選擇好多少。

許多論述都圍繞在說明長尾理論的統計學上，但幾乎沒有人提到所羅門的存貨控管方法。所羅門可能只是運氣好，剛好選中四萬張這個數量的不重複專輯，而非使用任何聰明的資料科學來找出這個最佳數量，但他的方法成功了。淘兒唱片展店到全世界，同時提高價格和增加需求，翻轉經濟學供需引力。不過，需要注意的是，淘兒唱片在二〇〇二年確實曾因為操控價格而受罰。

美國總統杜魯門（Harry Truman）的名言就是：「給我只有一個方面的經濟學家！」杜魯門認為經濟學家總是濫用「一方面……，但另一方面……」的免罪卡擺脫責任。我要向杜魯門總統道歉，這裡我必須打出這張免罪卡。一方面來說，淘兒唱片讓我們知道有限選項的好處；另一方面，即使某些選項的需求不一定能立刻看到，增加選項依然能提供價值。提供選項的多寡需要權衡考量。

設想，你和一群朋友到了一家餐廳。大部分客人會點的主餐可能是少數幾道熱門餐點，此外餐廳還會提供許多其他餐點選項，構成長尾。我們假設熱門餐點是牛排、雞肉和素食餐，此外菜單還提供額外二十項長尾選項。餐廳計算銷售數字後會發現，三種主餐帶來八〇%的營收，又由於大量購買這三種主餐的原料可獲得折扣，三種主餐占利潤的比例可能更高。

如果這家餐廳參考這個統計數字，可能會認為長尾餐點沒什麼人想吃，然後決定將這些餐點從餐單上移除。一道餐點要能夠列在菜單上，必須要有一定需求量。但如果屏除賺錢因素，在架構中加入區域和飲食要求等因素，就會發現如果剔除掉素食、清真和無麩質餐點這些很可能位在長尾的食物，那麼需要這些類型餐點的客人，就無法在這家餐廳吃飯。

如果吃素的客人不吃這家餐廳，那麼他吃葷的朋友也無法來這裡消費。剔除長尾造成的營收損失可能超過預期數倍。在此又再一次證明，了解選擇的社會背景是泰山經濟學中重要的一環。素食餐點可能位在長尾，但因為素食的客人就只能吃素食，所以比起其他帶來類似營收的餐點更為重要。並非所有「尾部」內容都具有相同價值。

銷售唱片是一件事，管理餐廳是另一件事。我們需要從第一章中汲取經驗，提醒自己要販售的是什麼商品。食物是一種可重複消費的商品，如果我喜歡一道餐點，就會不斷回來消費。CD是不可重複消費的商品——我在淘兒唱片購買《從不介意》（*Nevermind*）專輯後，就不會回來再買同一張專輯。因此，淘兒唱片有誘因調整專輯存貨，八〇%未進庫存的專輯，也有可能在淘兒唱片上架。但餐廳的情況就不同了，把長尾餐單移除，永遠只賣最熱門的餐點給想吃的客人完全沒有問題。兩種產業的誘因不同。

也就是說，餐廳願意翻轉上述邏輯，保留較不熱門的餐點在菜單上，除了服務飲食限制的客人等利基市場外，還有許多其他原因。長尾餐單可以讓餐廳有機會實驗新菜色；長尾餐點也製造吸引不同類型客人上門的機會，雖然這些餐點並不熱門，但可能有一小群喜愛這些餐點的忠實客人，會帶著他喜歡吃熱門餐點的朋友一起來消費。任何進入餐廳的客人都有機會幫餐廳打出口碑。此外，雖然有些人只會點熱門餐點，但他們可能會重視多樣化的餐點選項。長尾餐點看似對營收的貢獻幾乎為零，但實際帶來的價值可能和賣出的熱門餐點不相上下。

塔雷伯在他的著作《不對稱陷阱》的〈最不能退讓者勝：頑固的少數人主掌全局〉這一章中，討論到長尾價值的問題。塔雷伯的核心論點為，長尾是由一群行為無法讓群體成員預測的單位組成。他也提到，更重要的是互動。

> 研究單隻螞蟻不可能（絕大多數情況下）讓我們了解蟻群是如何運作。因此，如果要了解蟻群就必須以蟻群為研究單位，過大過小都不行，只研究一小群螞蟻也無法成功。這稱為群體的「突變」（emergent）性質，個體和全體不同，因為全體重視的是個體之間的互動，而互動可能遵循非常簡單的規則。[3]

塔雷伯解釋他的簡單規則：吃猶太潔食或清真飲食的人，絕對不可能吃不符合規定的飲食，但是非猶太節食的人依然可以吃猶太潔食。同理，身障人士無法使用一般廁所，但非身障人士能夠使用身障廁所。

泰山經濟學提倡，不要只考慮個人，應該多去思考社會網路如何將人們連結到社群中，少數人的需求是讓大家共同生活的關鍵。塔雷伯認為，社會並非在共識下演進，事實上，只要少數人有需求就能不成比例的推動整個社會發展。只要存在不對稱性，會讓少數無法與多數共享經驗，進而可能讓整個群體分崩離析，因此有可能由少數人的需求推動社會發展。世上隨處可以找到不對稱性，一位吃素的人和一群吃葷的朋友聚餐只是其中一個例子。

你可以看到素食經濟學（Veganomics）充斥著淘兒唱片的長尾。因此如果認為現今的串流服務只要提供四十萬首歌曲，相當於四萬張專輯，也就是現今所有歌曲的千分之七，還是能夠滿足九〇%的需求，顯然你沒有考慮周全。大多數收聽頭部音樂的消費者，依然有時會前往尾部探尋歌曲。刪除這些選項可能會讓消費者不願購買商品，甚至讓他們錯失潛在的文化轉型運動。

MRC娛樂指出，二〇一九年上半年在美國的串流歌曲接近四千萬首，呈現一條又細又長的尾巴。前四萬名的專輯，也就是約四十萬首歌曲，占總需求的九〇%。也就是說，所有音樂需求的一〇%無法放在淘兒唱片的貨架上。一〇%細長的尾巴包含許多歌曲，準確來說是三千九百四十萬又四百五十首。這三千九百四十萬又四百五十道素食餐點都有人點來吃過。每次賣出素食餐點時，很可能也會同時賣出熱門餐點（熱門歌曲），唯一例外是那位素食者獨自前來用餐。我們可以再進一步探討，二〇一九年數位貨架上有六千萬首不重複歌曲，僅有四千萬首至少串流了一次，代表還有另外兩千萬道素食餐點列在菜單上但是沒人點過。這兩千萬首歌曲可能沒人喜歡，但知道有這些歌曲可供收聽，這件事卻可能帶來額外價值，讓消費者更願意訂閱。素食經濟學告訴我們，長尾商品本身可能無法銷售賺錢，但卻可能因為長尾存在而賺到錢。

不動產巨頭世邦魏理仕（CBRE）的加德納（Chris Gardener）簡明扼要的總結了素食經濟學，他觀察到消費者已經不會走到店裡問：「請問有賣……」消費者要不是購物前就確認過店家有沒有賣想要的商品，要不就是不想承擔商品落在尾部而沒有存貨的風險，乾脆在亞馬遜上購物。人們的時間越來越寶貴，購物的行程也越來越緊湊，沒人願意花時間冒著空手而歸的風險去逛商場。

素食經濟學的另一個間接好處是擴大參與。傳統上，音樂從流行音樂到古典音樂共分為十種類型；其中當然還有些小眾類型，像是「智慧鼓和貝斯」這種讓人摸不著頭緒的類型，看來必須是專業人士才聽得懂這類音樂。但尾部類型相對頭部類型收聽人數相去甚遠。如果一名爵士歌手紅了，就會被重新歸類為流行歌手。「Every Noise at Once」這個神奇的網站提供四千八百種以上不同音樂類型的散布圖，上面能夠找到最新的類型是「烏干達傳統音樂」。讓人們注意到尾部的音樂類型，只能幫助少數音樂留有生存空間。

政治和社會上不斷爭論多元和包容的重要性，所以素食經濟學才格外能帶來啟發。幸運的少數頭部音樂已經吸收到注意力，排除許多尾部音樂的「剔除尾部」，在大環境中已經轉變為「多元和包容」。多元和包容兩者相對來說，多元比較容易做到，因為多元的定義能夠自由解讀；包容則較難做到，因為包容代表不放棄任何一種音樂。包容和剔除尾部難以兼容。判斷包容是否應該有範圍和限制，以及範圍和限制設在哪裡，這樣敏感的過程相當於判斷是否應該放棄尾部，以及要剔除多少尾部。但素食經濟學提醒我們，如果排除了少數，很可能多數也會受到影響。

網路電影資料庫（IMDb）如何協助素食經濟學

只要坐在沙發上，就能看到素食經濟學隨時都在上演！亞馬遜和傳統實體零售商極為相似，亞馬遜同樣會將頭部商品放在 Prime 上，並且讓消費者在市集上尋找尾部商品。但 Prime Video 影片服務則採用不同方法，它遵循素食經濟學，提供尾部影片而非剔除尾部。IMDb 是最豐富的全球電影和電視資料庫，亞馬遜收購了

IMDb，獲得所有影片商品的完整資訊，藉此修正低估尾部的資訊不對稱，讓亞馬遜可以了解不同類型的媒體基礎資料，也能比較同一類型的媒體資料。

如果你只靠封面評判一本書，或者從演員和導演判斷一部電影好壞，所使用的資訊其實十分受限。如果你知道更多演員和製作團隊名單，加上綜合評論和其他細節，資訊就會更清楚。IMDb 正好提供這些資訊，讓這些吸引我們注意力卻遭低估的「無名英雄」浮出水面，不但能夠修正資訊不對稱，還能讓價值更明確。

不論從消費者讀過哪些電影相關資料，到他們在 Amazon Music 按下暫停鍵，以便得知背景音樂歌名和歌曲連結，亞馬遜藉此清楚了解並非所有消費者都想要相同餐點，某些人還會有特殊需求。或許你會根據類型（驚悚片、愛情片等）選擇想觀看的電影，也有可能會根據演員、導演或原聲帶選擇你的片單。你喜歡的演員或導演可能位在頭部，但他們過去的作品可能落在尾部。亞馬遜整合了 IMDb，讓消費者可以探索這些資訊。藉由讓搜尋過程更流暢，消費者現在能夠極快找到素食選項，素食選項也發揮出最高價值。

*

所有人與生俱來想要吸引群眾。正如臉書的貝克維爾（Vanessa Bakewell）所說，我們都「想到有魚的地方釣魚」。金錢是一種驅動力，但名聲和隨之而來欣賞的親密感更重要。葛萊美獎獲獎歌手 Yebba（Abbey Smith）的經紀人麥可斯（Ross Michaels）告訴我，Yebba 在 YouTube 上吸引的觀眾評論，比起亞馬遜、蘋果或 Spotify 支付的費用，對麥可斯來說更為重要。我瞬間就明白了。

和注意力一樣，吸引群眾也需要競爭，過去我們在凱因斯選美競賽的心態下競爭，由評審決定我們可以吸引哪些群眾。現在你可以自信的拋開守門人思維，並抓住吸引群眾的新規則。

特百惠和淘兒唱片的故事激勵所有人採取行動：由上而下的行銷失敗後，懷斯轉型採用由下而上的病毒式特百惠派對手法；淘兒唱片告訴我們，一方面來說，有選擇比沒選擇好，但太多選擇並沒有比夠多的選擇好；淘兒唱片破產二十年後，素食經濟學又告訴我們，某些尾部內容極具價值。餐廳從素食餐點賺到的錢可能不多，但如果沒有素食餐點，從熱門的牛排賺到的錢可能被直接腰斬。

我們必須要在腦袋放進以下概念：群眾無論何時受到吸引，吸引到何處，依然還是群眾。廣播電台可能長達半世紀吸引群眾收聽音樂，但崔娜的故事告訴我們，星巴克也可以達到同樣目的。任何地方都能看到這種現象，平台規模擴大後形成新網路，群眾開始聚集到邊緣而非中央。例如，一般公司的客服部門，過去通常以一對一方式服務消費者，但現在群眾會被吸引到社群頁面分享自己的解決方法，不需要依賴客服就能解決問題。由上而下溝通的舊藤蔓已經被由下而上的社群網紅新藤蔓給取代。

本章的吸引群眾原則，讓你在面對破壞性創新時更有能力實行泰山經濟學，放棄過時手段，並利用新手段增強自己的實力。前一章探討的 Podcast 就是一個重要例子，進入媒體的障礙已經消失，我們更有能力連結利基受眾與利基興趣。「飛蛾」（The Moth）和「做正確的事」（Do The Right Thing）、甚至「蘋果橘子經濟學電台」（Freakonomics Radio）等知名 Podcast，都在擁擠劇場的舞台上演出，將內容創作成本轉換成串流收入，並徹底翻轉媒體規則。Podcaster 利用節目賺取巨額收入，在某些情況下甚至比廣告還要好。我們需要學習的正是這些轉型方式，而且應該立即開始行動。

吸引群眾的傳統藤蔓正在枯萎，過去創作者和其他歌手吸引群眾所依賴的中介機構，也很可能不再那麼重要，尤其現在我們都認為，創作者本身就有能力吸引群眾。實踐泰山經濟學的人都應該問問自己，這些傳統中介機構依然還像以前一樣重要嗎？如果杜魯門總統地下有知，我想請他再原諒我一次，答案是：一方面……，但另一方面……

章節附註

1 一九六五年，滾石樂團（Rolling Stones）前經紀人奧爾德姆（Andrew Loog Oldham）就在樂團表演的後台上演自己的情緒感染法。奧爾德姆發現，如果他在樂團表演時，躲開觀眾視線並高聲尖叫，觀眾們就會跟著他一起尖叫—這就是大家所說的搖滾樂歷史。

2 艾斯納（Kat Eschner），《懷斯的故事：特百惠派對背後的天才行銷員》（*The Story of Brownie Wise, the Ingenious Marketer Behind the Tupperware Party*），史密森尼學會（Smithsonian），二〇一八年四月。

3 塔雷伯（Nassim Nicholas Taleb），《不對稱陷阱：當別人的風險變成你的風險，如何解決隱藏在生活中的不對等困境》（*Skin in the Game: Hidden Asymmetries in Daily Life*），企鵝蘭登書店（Penguin Random House），二〇一八年，第六十九頁。

第四章 自製或外購

家有會寫歌或表演音樂的小孩，父母或監護人、甚至小孩本人，很可能都會問兩個問題：我的孩子要如何才能成為下一個怪奇比莉（Billie Eilish，十七歲時就成名）？我需要找哪些人來助他成功？甚至還會問：我需要找唱片公司、經紀人或發行公司嗎？如果需要，哪個應該優先？或者只要借助社群媒體和串流服務的力量就可以了？

畢竟，我們在第三章已經知道，流行歌曲不需要依賴任何音樂產業守門人推動，只要消費者喜歡就可以了。數位破壞性創新讓我們面臨「自製或外購」（make or buy）決策，也就是要單打獨鬥還是尋求他人服務。

過去想要培養下一位年輕新星的父母別無選擇，只能將控制權交給能創造受眾的中介機構。但現在這些中介機構會問你的第一個問題是：「你能為我帶來哪些受眾？」無論你喜不喜歡，這項矛盾的要求正激勵我們學習如何單打獨鬥，並且借助破壞性創新轉型。

在許多影響因素之下，單打獨鬥或尋求服務可能都是正確決策。引言已經提到，科技早已去除先前委任給會計師、銀行家和律師等專家壟斷的控制權。只要按一下玻璃螢幕，

apps 就會執行所需的簿記、金融交易和合約協議工作，讓人們保留控制權、處理更多這類型的工作，並且減少對他人的依賴。

但科技也能讓天秤傾向另一側，使得購買更多服務比自行處理更具吸引力。例如，考慮買車所需資金後，過去自己開車可能是個理性選擇，但現在你會選擇賣掉車子，並且使用 Uber 這類共乘服務，這能讓你在通勤時間做更有效率的事，譬如是在後座工作。科技讓人們更想要付費乘車，而不是自己開車。

但要如何才能知道何時該自製，何時又該外購呢？

最具啟發的例子，就要回到二〇〇七年，重溫史上極其著名的「單打獨鬥」：電台司令的《彩虹裡》（*In Rainbows*）專輯。這是一個藏有許多寶貴經驗的案例研究，能提供我們每天面對以下問題的一般性解答：要把控制權交給別人，還是單打獨鬥？

一九八五年，電台司令的五位創始成員在牛津郡的學校相識，那時ＣＤ尚未開始流行。一九九一年，電台司令以「On a Friday」的團名在耶利哥小酒館（Jericho Tavern）表演時，認識哈福得（Chris Hufford）和埃奇（Bryce Edge），兩人也成為電台司令的經紀人。與百代唱片（ＥＭＩ）簽約後，「On a Friday」才改名為電台司令，理由是致敬傳聲頭像樂團（Talking Heads）的同名絕世名曲〈Radiohead〉，這首歌由蘇格蘭裔美國歌手伯恩

（David Byrne）所寫，是除了威士忌以蘇格蘭向美國出口過最好的產品之一。五位樂手和兩位經紀人在過去三十年裡合作無間。電台司令與他人的合作關係還延伸到製作人歌德里希（Nigel Godrich），歌德里希和樂團從一九九四年開始合作，遠遠早於賈伯斯想出 iPod 的時間點。

從錄音室到舞台，電台司令為搖滾樂留下永恆的傳奇。電台司令發行專輯《OK電腦》（*OK Computer*）後，一九九七年在格拉斯頓伯里（Glastonbury）的現場表演，更鞏固其全球頂尖樂團的地位。要找到比這場演出更令人讚嘆的表演實屬不易，更令人震驚的是，因為技術上的問題太過嚴重，他們幾乎想走下舞台表演。電台司令三十六年的職業生涯最近得到最終認可，進入了搖滾名人堂（Rock and Roll Hall of Fame）。電台司令歷經的破壞性創新，很可能超越所有千禧年世代一生所經歷的。一九九一年，電台司令與倫敦百代唱片簽約，截至二〇〇七年初已經發行六張專輯，銷售量超過三千萬張。

電台司令在開始製作下一張專輯時，發現他們正處在埃奇所說的「邊緣地帶」（limbo land）。他們已經完成百代唱片的合約承諾，在法律上可以脫離百代唱片，開始單打獨鬥；百代唱片則能繼續保留電台司令前六張專輯的所有權。十五年後，第一次嘗到自由滋味帶來的好處，與喪失前六張專輯所有權的損失相互抵銷。在哈福得所稱的「輸送帶過程」中重製和發行專輯，讓乏味的感受悄然襲向電台司令。

正當電台司令考慮未來方向時，唱片產業處於風暴之中。占唱片公司營收九〇％的CD收入急遽下滑，盜版正在興起。認為只靠七十九便士（約新台幣三十元）的合法下載歌曲就能彌補缺口的想法，完全就是個笑話。情況如此嚴峻之下，一家唱片公司的主管甚至狼狽的告訴自己的藝人開發團隊：「音樂產業得了愛滋病，只能祈禱我們最後倒下。」

漢德斯（Guy Hands）的私募股權公司泰源資本控股（Terra Firma）最近收購了百代唱片。任何讀過《門口的野蠻人》（*Barbarians at the Gate*）或看過同名喜劇片的人，就會十分清楚為什麼收購案對百代唱片來說是個壞消息。如果你還沒讀過《門口的野蠻人》，就設想以下私募股權的運作方式：用九十九英鎊債務和一英鎊權益金購買一棟一百英鎊的房子，只要租金收入超過負債利息的話，若以一〇一英鎊賣出房子，就可以在極短時間內讓投資人資金翻倍。百代唱片面對的挑戰是，泰源的短期獲利目標和歌手創作所需的長期時間衝突，實際上最後這項收購案也失敗了。

音樂產業有句古老的至理名言：「如果你想要忠誠，不如養一條狗吧。」電台司令決定要養一條自己的狗。

電台司令的經紀人組織一個「信任圈」（circle of trust），其中包含版權、會計和法律服務各領域的專家——這一幕讓人想起電影《瞞天過海》（*Ocean's 11*）。這個「信任圈」組織起來，準備執行沒人做過的一項計畫：擴大管理團隊的規模，以便能夠自製而非外購，大幅提高電台司令的管理成本。埃奇曾開玩笑的對樂團說：「我們已經能夠自己成立一家唱片公司，為什麼要屈就在百代唱片下領取二〇%的版權費呢？」

當時數位音樂的未來長什麼樣子無人知曉，但電台司令已經全面掌控他們的數位命運。電台司令的歌曲甚至沒有上架 iTunes，因為他們不滿 iTunes 的模式，認為粉絲可以從專輯中自選歌曲，會破壞樂團創造的藝術價值。而且沒有任何跡象指出，數位音樂能夠建構一個可持續發展的產業。但在此同時，ＣＤ產業正在垂死掙扎。引述哈福得的說法，ＣＤ只是「過渡時期的胡鬧」（an interim pile of bollocks），當時唱片公司的數位發行方式還遺留實體唱片時代的影子，他們甚至還會將 iTunes 上的銷售價格扣除ＣＤ包裝和郵寄的費用。

為音樂產業帶來九〇%收入的ＣＤ銷售模式，不僅哈福得提出質疑，百代唱片內部成員也日漸感到不滿。米勒（Simon David Miller）是百代唱片管理團隊中一位思想進步的主管，他目睹唱片公司的明星一個個離開公司自立門戶，隨後他勇敢的向泰源提出挑戰，米勒認為：「百代唱片公司現在能做出的最好決策，就是停止販賣ＣＤ。」米勒正面臨泰山經濟學的掙扎，他認為唱片公司應該放棄支撐著音樂產業，但又同時勒斃音樂產業的ＣＤ。唯有放手一搏，百代唱片才能抓住新藤蔓生存下去。

電台司令除了不再受到合約束縛，也對自己的專輯頗具信心，他們進而想要嘗試新的作法。埃奇說：

「如果我們的專輯不夠水準，也不可能做這樣的嘗試。我們很擔心粉絲會認為這是在賣弄噱頭。然而，優良的唱片品質可以讓我們下定決心，按照我們的方法發行專輯。團隊中沒人想過這張專輯會登上頭條新聞。」

二〇〇七年十月一日電台司令向全世界宣布，眾所期待的新專輯《彩虹裡》，將透過自由贊助的模式免費發行。電台司令採行多階段的發行策略，在未來三個月逐步揭露，自由贊助是其中的第一階段，也是當時唯一帶來震撼的階段。不僅如此，在與百代唱片合作了近二十年後，電台司令總算擁有《彩虹裡》十首歌曲的錄音和詞曲版權。此事件引發前所未見的全球媒體災難。

主要問題並非電台司令在沒有大型唱片公司的支援下發行數位唱片。更重要的是，他們發行的唱片還不需要消費者付錢購買。音樂產業無不屏息以待，觀察這個實驗是否會一舉改變智慧財產權的支柱。全球最受歡迎的樂團不僅要單打獨鬥，還要免費贈送音樂。電台司令所做的不僅僅是「製作」自己的行銷和銷售，他們不需依賴唱片公司，甚至還不需消費者花錢購買專輯！

他們如此瘋狂自然有其原因。電台司令避免傳統的交錯式宣傳週期，也就是專輯在不同市場會選不同時間發行，同時發行可確保全球所有的粉絲都能在同一時間聽到音樂，避免盜版網站搶先流出。盜版專輯流出正是先前許多巨星歌手發行時面臨的困擾。仔細評估機會成本後，如果粉絲仍舊決定要盜取音樂，那麼還不如直接到樂團網站合法免費取得。

電台司令認為這正是測試「自製」勝過「外購」的絕佳時機。但對一個面臨內憂外患的產業來說，這種行為無疑是走到了懸崖邊，電台司令賭的是版權的所有未來，以及版權支撐的供給鏈。如果電台司令的方法成功了，版權的世界還會像從前一樣嗎？

若要真正了解這項實驗的完整發展，事件發生的前後順序就十分重要。電台司令在二〇〇七年十月一日宣布該消息後不久，粉絲就可以造訪樂團的官方網站，自由贊助並預購專輯。隨著全球無數訂單紛至沓來，針對接下來發展的猜測也越發激烈。但這些瘋狂的猜測忽略一項關鍵的行為經濟學因素：預購商品和取得商品之間有時間落差。時機對電台司令的策略來說十分重要。埃奇解釋：

「贊助過程最重要的關鍵就是宣布消息和預購開始之間的『思考時間』。真正的粉絲有七天時間決定他們要贊助多少。最早訂購的粉絲贊助金額極高，達到數百英鎊，高到我們決定設定贊助金額上限為九十九英鎊。我們認為限制贊助金額上限是正確的作法。」

我們如何確定價格合理？

粉絲決定價格的「思考時間」，打開了經濟學拍賣設計領域理論和分析的潘朵拉盒子，後來也被用來推動許多科技公司的命運。

在開始討論「拍賣理論」前，大家必須先回想電台司令所面臨的限制。首先，《彩虹裡》所有發行準備工作都是完全祕密進行，沒有任何公開資訊和專輯評論，這代表專輯品質無人知曉。第二，電台司令販售的是不易損壞的MP3檔案商品。第三，在「思考時間」中，粉絲知道豪華盒裝版正在籌備中（接下來會詳細說明），但目前還無法購買。

埃奇所提到的「思考時間」，這一課引用自凱洛格管理學院（Kellogg School of Management）的院長科內利的論文。科內利發表過一篇關於「博物館門票自由贊助」的論文。[1]他認為，自由贊助平均能獲得的捐款會比固定收費還要多，因為富有的民眾會願意高額贊助。此外，較貧窮的民眾在固定收費下可能不會參觀博物館，但自由贊助系統下可能會多少贊助一些錢。科內利的研究中，是否能夠自由取得公開資訊十分重要，因為潛在的贊助人才能了解博物館與博物館所帶來的價值。電台司令的例子中，因為沒有公開任何資訊，粉絲和媒體都無法事先知道專輯品質。因此，雖然科內利的差別取價理論多少有些相關，但仍無法完美解釋電台司令的案例。

拍賣設計的第二課，來自經濟學家米爾格龍和韋伯關於競標的一篇開創性論文。[2]他們發現，一般來說一首歌對任何一個人的價值，取決於這個人認為這首歌對其他人的價值高低。如果我們知道自己能和別人談論一首歌曲，就會更享受這首歌曲，這種現象稱為「飲水機效應」（watercooler effect）。米爾格龍和韋伯證明在有揭露資訊的情況下，雖然商品最低價值不會改變，但是最高價值會提高。當我知道你認為我所熱愛的事物有價值時，我會覺得這項事物的價值提高了。這種回饋機制說明音樂產業極為重視排行榜的原因：排行榜讓熱門歌曲曝光，並讓高曝光歌曲更熱門。因此價格可以根據專輯是否登上排行榜來設計；專輯登上第一名價格為X，登上第二名價格為X的七五%，登上第五名價格為X的五〇%……以此類推。但在電台司令的案例中，這種條件價格方法並不切實際，因為無論是贊助模式或是隨後發行的豪華盒裝版，都不符合排行榜的進榜要求，消費者無法得知影響付款決策的相對排名。

原諒我稍微離題一下。「米爾格龍效應」的相似例子可以在蘇聯解體時找到，當時捷克政府拍賣固定數量的國營企業股份。當競標者收到「固定數量股份」已經超額認購時，它們就會提高競標價格，希望能獲得更多股份。其中一項誘因，就是可以將這些先前屬於國有的資產，再次賣出獲利。所以，雖然《彩虹裡》的數位專輯不會有二手市場，但是豪華盒裝版確實會出現在二手市場。

極容易讓人流連的二手唱片拍賣平台Discogs，列出《彩虹裡》限量豪華盒裝版的商品，這提供了關鍵的價格訊號。截至二〇二〇年六月，總共有七千五百三十八位賣家想要出售《彩虹裡》，二千六百七十七位買家想要購買，滿分五分的評分拿到四點七三分——這是非常高的分數。現在平台上豪華盒裝版的最低價格是五十三英鎊（約新台幣一九五〇元），最高價格一四二英鎊（約新台幣五千兩百元），中位數價格九十一英鎊（約新台幣三三五〇元）。儘管經過這麼多年，二手價格中位數依然超過電台司令在二〇〇七年秋季時固定販售的價格四十英鎊（約新台幣一千五百元）的兩倍。這可能是因為對收藏家來說商品升值，或者黑膠唱片越來越熱門；也可能兩者都是。

我們可以從拍賣理論中學到的第三課，同時也是最後一課，來自韋瑞安一九九四年的論文〈公共財序列捐獻〉[3]，以及更近期的論文〈公共財和私有禮物〉[4]。韋瑞安的分析建構在「供應點機制」（provision point mechanism）上——使用過Kickstarter 的人應該很快能理解韋瑞安的理論，但我們隨後將會探討 Kickstarter 這個平台。理論中，賣方聲稱如果收到足夠的贊助，得以負擔創作成本，就會發行專輯。贊助人希望專輯發行，因此會贊助資金。贊助的誘因是為了消除專輯無法發行的不確定性，避免專輯籌措不到足夠資金。贊助的順序十分關鍵，如果有人願意出一百英鎊，代表除了你之外還有人認為商品有價值，就類似於前一章討論的選美比賽。這和哈福德和埃奇的觀察相符，《彩虹裡》的早期贊助都是來自願意付最多錢購買專輯的人。

拍賣理論與許多經濟學一樣，會設定許多現實中無法重現的假設。儘管如此，拍賣理論依然存在我們的腦中，它還是給我們關於電台司令推動戰略的力量抽象且必要的一課，我們可以試著討論，如果買家能夠選擇，他們是否願意出更高的價格，而非簡單假設商品總是由賣家訂定價格？我們都對於官方公布的資訊習以為常，但應該要挑戰自己的思維，問問自己為什麼大獲好評的專輯會和負評不斷的專輯賣一樣的價格？如果完全沒有評價，價格又該有什麼變化呢？不過，電台司令無論如何都會發行這張專輯，因此不存在風險，也不會有人買不到，但序列贊助告訴我們，如果不發行和買不到的風險存在時，會發生什麼情況。

總而言之，理論能告訴我們的十分有限，但若在事件後回顧，理論就能解釋許多問題。理論最大的缺陷是無法考慮最重要的變數：樂團和信任圈打從心底就認為這張專輯一定會超級暢銷。

然後，專輯的下載日到來。二〇〇七年十月十日早晨，電台司令在官方網站上開放粉絲下載壓縮檔，內容包含專輯十首歌曲的MP3檔案——這是五階段接力宣傳的第一階段。歌曲檔案類型十分重要，這十首歌曲並沒有使用惹人厭的數位版權管理（DRM，iTunes商店會在檔案中加入DRM讓商品無法轉傳）鎖住，使得可轉傳的《彩虹裡》MP3歌曲成為更受喜愛的商品。

媒體仔細追蹤兩個月內電台司令粉絲贊助的平均金額。哈福德還記得平均贊助金額在這段時間內如何波動：「較不熱情的粉絲在活動最後才加入購買，所以平均贊助金額就降了下來。」因為版權的問題，贊助金額波動可能會造成計畫外和非傳統風險，畢竟就算粉絲不給予任何贊助，唱片公司和歌手依然要支付版權代理商和作曲家歌曲的權利金，那麼這些錢就要從唱片公司和歌手自掏腰包了，電台司令的例子算是很幸運的，詞曲創作者剛好也是歌手本人。專輯或許能夠免費取得，但就算粉絲沒有付任何費用，背後的歌曲製作依然需要成本。

進行第一階段實驗後，接力棒就傳到五種發行形式的第二種：四十英鎊的限量豪華盒裝版中，包含一張全新專輯CD和重量級雙黑膠唱片，以及第二張帶有數位照片和藝術品的增強光碟（Enhanced CD），最後還有一本內含圖片和歌詞的精裝書。

豪華盒裝版是高利潤商品，粉絲訂購後樂團自己的發行工廠會負責出貨。埃奇說明高價販售豪華商品帶來的快感，以及如何與買賣過程的快感相輔相成。我們將在第六章繼續處理這個問題：

「我們經營自己的產品公司 WASTE，這是整個計畫中的一大關鍵，讓我們擁有選擇權。我們生產了十萬套豪華盒裝版，並且直接賣到粉絲手上。值得注意的是，在我們開始發售的前幾個月，就已經將豪華盒裝版運送到全球各地的配送倉庫，確保開始發售時，所有粉絲都能同時收到豪華盒裝版專輯。同時我們也確保物流過程全程對媒體和粉絲保密！」

二〇〇七年十二月初，豪華盒裝版開始出貨，買家可以在聖誕節前收到商品。電台司令也將風險降到最低：豪華盒裝版不允許退貨。

贊助模式和預購生產豪華盒裝版兩種單打獨鬥的發行模式，也避開音樂產業過時的付款系統。因為依傳統方式要數個月甚至數年時間，現金才能從消費者交到創作者手上。藉由直接處理付款的現代交易方式，樂團在七十二小時內就可以收到款項，這代表樂團早在第三階段接力賽開始前，就已經能拿到現金。

藉由相當於零元出售專輯，以及隨後將價格提高到四十英鎊銷售豪華盒裝版，電台司令的策略測試了相同十首歌曲的兩種極端定價方式。第三階段，則要回到中間價格。二〇〇八年初，傳統ＣＤ專輯陸續在店頭販售，並且同時登上英國和美國排行榜冠軍，《彩虹裡》成為第十張在美國排行榜登頂的獨立發行專輯。在第三階段中，《彩虹裡》的贊助模式和豪華盒裝版銷售都並未計入排行榜銷售量，也讓排行榜冠軍的成就更加引人注目。

贊助、豪華盒裝版和實體ＣＤ銷售模式都成功熱賣。在ＣＤ登上全球各市場的排行榜榜首後，接力棒重新回到數位格式手上，電台司令三天後開始在 iTunes 銷售專輯。蘋果公司掌控下載流量最大的 iTunes，它們不允許歌手只能販售整張專輯，但是因為《彩虹裡》整張專輯早已提供數位下載，對電台司令來說放到 iTunes 上並沒有任何損失。《彩虹裡》上架到 iTunes 的第一週，專輯以相當於該月早先ＣＤ銷售的氣勢，衝上蘋果的專輯排行榜。半年之後，電台司令的其他專輯也總算放上數位貨架。

《彩虹裡》發行一年後，先前於華納查普爾音樂版權管理公司（Warner Chappell Music

Publishing，也是電台司令的信任圈一環）任職的戴伯（Jane Dyball），聲稱專輯發行後第一年已經賣出超過三百萬份，其中超過一半是ＣＤ，銷售數量勝過電台司令的前兩張專輯。即使是黑膠唱片版本，也是二〇〇八年賣得最好的黑膠專輯。電台司令證明熱門音樂無論用什麼形式都能熱銷。上述結果反應了接力賽的第五階段，同時也是最後一個階段的銷售。

BitTorrent網站上流通的盜版專輯，其實在二〇〇七年十月十日電台司令官網發行《彩虹裡》原始壓縮檔案時，馬上就出現了。《彩虹裡》專輯因為並未內嵌數位版權管理（ＤＲＭ）保護，任何人拿到檔案都可以分享。不過，因為粉絲可以免費在官網下載專輯，實在沒有必要利用非法ＭＰ３網站，所以電台司令並不認為會出現盜版。在兩個月的贊助期間，根據BigChampagne的資料，以及我與別人共同撰寫的「種子檔案上的彩虹裡」（In Rainbows, On Torrents）研究報告發布的資料指出，電台司令官網每有一份合法檔案下載，BitTorrent上就會出現兩份非法檔案下載。截至十一月三日為止，網站上共有兩百三十萬份種子檔案，光在十月十日專輯發售當天，種子檔案使用者流傳的檔案量，就已經達到驚人的四十萬份。

BigChampagne將上述資料和迪斯可瘋三（Panic! at the Disco）樂團的資料作比較。迪斯可瘋三使用傳統方法，在大約相同的時間發行專輯，在專輯發行一週內非法下載最高僅達到十五萬七千份，約《彩虹裡》最高一天流傳數量的三分之一。「合法免費」固然十分成功，但與「非法免費」相比卻意外顯得黯然失色。

埃奇指出消費者的僵固行為模式（sticky behaviour），反思《彩虹裡》五階段實驗的流行狀況：「這是一張偉大的唱片，只是顯示了人們存在購買習慣問題。過去消費者會購買CD，現在消費者也仍然會購買黑膠唱片。」消費慣性同樣能解釋盜版：人們傾向做習慣做的事。我們現在使用的依然是QWERTY鍵盤，這是一八七四年時刻意為了減慢祕書打字速度、以減少出現錯誤出現的設計。一五〇年了，我們和下一代依然繼續做同樣的事，並且繼續使用低效率版面配置的鍵盤打字。《彩虹裡》發行時，歌迷已經使用盜版網站將近十年，許多人依然「困在」他們習慣的方式中。

ATC管理公司（ATC Management，同時也是信任圈的另一名成員）的美沙奇（Brian Message）認為，電台司令勇敢決定自製而非外包帶來了長遠的影響：

「這是個大膽的行動，從商業模式的角度來看，確實是適合那個時代的。電台司令勇敢的將命運掌握在自己手裡，他們對中介機構的地位提出質疑。我認為『無唱片公司歌手』（Artists Without A Label，AWAL）的出現，《彩虹裡》所帶來的影響功不可沒。唱片公司提供歌手資金，而且有機會讓歌手搶到最佳位置，例如讓歌曲成為最新《〇〇七》電影的配樂。但除了資金外，歌手完全可以在其他地方取得所有的其他服務。」

美沙奇事後回想，保密可能是《彩虹裡》成功的關鍵，但也很可能會出差錯：「我們很擔心媒體的反應，因為我們沒有事先給它們唱片。但是擔心唱片遭媒體批評完全是多慮，媒體超愛這張唱片。我們真的走了狗屎運。」美沙奇提到電台司令的美國演唱會狀況，確實能看出歌迷更喜愛樂團：「真正的收穫是看到電台司令在《彩虹裡》發行前，本來在舊金山的演出有兩萬名觀眾，發行後竟成長到六萬名。」

距離《彩虹裡》的發行已經將近十五年，我們依然可以從這張專輯的故事中學到許多經驗。例如，消費者對於實惠商品的快感（贊助模式）和奢華商品的快感（盒裝版）、或是買單的意願。我們發現，現今消費者購買奢華的黑膠唱品，帶給唱片公司的總營收勝過下載營收。人們一直以為黑膠唱片的復甦只是曇花一現而非市場趨勢，但現在黑膠唱片帶來的營收已經超越ＣＤ，這是黑膠格式復甦的真正跡象。也就是說，播放次數的格式，而這數字還只是全新黑膠的盈收，沒有包括二手黑膠的市場。

從《彩虹裡》學到的另一堂課，則需要提到能讓歌手和粉絲直接接觸的網站「Bandcamp」。Bandcamp 網站服務全球超過六十萬名歌手，支付給創作者超過五億八千一百萬美元。從二〇〇九年開始，Bandcamp 提供一個巧妙的模式：下載數位和實體內容可「自訂價格，沒有最低金額限制」的協議。這可能是個小眾模式，但提供想要拿回定價控制權的歌手另一個選擇，他們可以讓粉絲決定價格，而非使用傳統唱片公司的定價公式。

二〇〇七年，電台司令在探索創作者和消費者之間的新領域後，他們留下一張繪製好的地圖，讓許多人跟隨他們的路線前進。

傳統創意產業的三方結構，是由創作者、編輯／發行人（出版商）、中盤商／零售商所組成。歷來，這三方都在爭食銷售鏈總盈收這塊大餅，彩虹裡只是其中一例。發行商坐收漁翁之利（最占便宜），可以控管投資風險、以發行養發行，一邊打平虧損，一邊留住盈收。像是書籍出版商能夠給予經銷商回扣，唱片公司可能提供零售商優惠，電影經銷商能夠授權電影院獨家播放權等……中間商可以「搶劫彼得來支付或賄賂保羅」。

此模式讓創作者成為擁有作品的「委託人」，版權代理商成為「代理人」，負責讓作品價值最大化。雙方都有想要獲得的利益，可以透過商定的合約達成一致。代理人支付給委託人預付款，表明代理人相信未知品質的作品具有商業價值，預付款越高，天秤就越傾斜。你可以這樣理解：如果你欠銀行十萬英鎊，你麻煩大了；但如果你欠銀行一百萬英鎊，換成是銀行麻煩大了。委託人和代理人的區別類似於高利貸和銀行的區別。銀行能夠避險並將賭注分散到不同時間的不同選項；相對來說，高利貸就像賭場中的賭客，它們投資的選擇有限，會將籌碼全部壓在同一個地方。

破壞性創新能夠打破上述三方權力平衡結構，任何一方取得上風的例子比比皆是。從創作者的角度來看，許多遊戲開發者支付蘋果App Store固定的三〇%交易稅，避開需要依賴中間發行商才能進入市場的阻礙。從經銷商的角度來看，蘋果在App Store發行遊戲，奪走先前它們為零售業者發行遊戲的中介者權力。在這個例子中，權力由中間機構轉移到創作者或零售商的其中一端。

專業足球員經常遭譏諷薪資過高，他們也呈現出價值如何從版權代理商和經銷商這邊轉移到創作者。兵工廠隊（Arsenal）的厄齊爾（Mesut Ozil），可代表創作者的身分，據說他的薪資為每週三十五萬英鎊（約新台幣一千三百萬元），約為英國首相一年薪資的兩倍。與其對不公平的薪資表達不屑，不如好好研究厄齊爾的經紀人如何吸收版權代理商（兵工廠足球俱樂部）和經銷商（收費電視體育網路）所創造的價值，並且獲得相應的報酬。付出最多的人獲得最大的收穫，在現實生活中確實不常見（雖然厄齊爾的薪資是否合理仍有待商榷）。

《彩虹裡》的故事讓我們學到，在這場持續的權力爭奪戰中，到了迫不得已時，三方中的一方經過計算後，可能會發現已經到了需要單打獨鬥的時間點。但若要成功單打獨鬥，而不是借助傳統中介機構，創作者需衡量所有已知成本和預期獲利，並和另一條未選之路相比較，仔細考慮機會成本。

所有成本效益分析都十分困難，特別是在破壞性創新的時代更是難以計算。良好的成本效益分析需要考量所有複雜、難以形容的真實世界力量，並且簡化成可以放在試算表中的數字。簡化成數字的過程，需要借助過去成本效益分析得出的架構和規則。但如果需要分析的是全新的世界，舊規則還適用嗎？如果要借助破壞性創新來轉型，就必須挑戰根深蒂固的規則和假設。

例如，建構成本效益分析的規則認為，資產的價值會隨著時間折舊，那為什麼中古屋有時比新成屋還要昂貴？如果計算現在的金錢未來會價值多少，規則告訴你，應該使用固定折現率去計算未來金錢價值，但完全沒有考慮全球中央銀行都開始採用接近零利率的政策，並進行相應調整。這時你就要問，使用如此簡化的計算方法，是否只因為大家一直以來都是這樣計算的？

蘇格蘭經濟學家約翰・凱觀察發現，阻止人們吸菸，其實長期下來會讓政府花費更多預算，他藉此說明成本效益的推理是多麼的扭曲。這是因為預期壽命延長會導致養老金成本增加，幅度遠遠超過減少國民保健署（ＮＨＳ）吸菸相關疾病治療節省的費用，更不用說吸菸者戒菸後，政府還會少收很多稅收。約翰・凱認為，經濟學家完全符合王爾德

（Oscar Wilde）所描述的憤世嫉俗者形象：「知道所有東西的價格，但不知道任何東西的價值。」[5]許多人並非經濟學家，反而知道事物的價值。很諷刺的，這些人擁有競爭優勢，並且使用不同方式衡量自製或外購的成本效益，並且最後做出合理選擇。如果你知道所有原本應該要帶來受眾的中介機構，在你無法創造受眾時完全不會投資你，那麼計算就變得十分簡單：無論如何你都必須單打獨鬥。

委託人和代理人的關係已經發生根本上的改變，而且不只局限在音樂和媒體。借助中介機構的吸引力在於，它們會預先提供資金，並且使用守門人的力量吸引群眾，換取創作作品的所有權。你簽約賣出你的版權，並且收到一筆可觀的報酬，然後吸引群眾的機器就會開始運轉，你只能寄望中介機構的策略奏效。

但現在中介機構會先問你：「你能為我帶來哪些受眾？」如果製造受眾的責任從代理人身上移回委託人，就會讓自製或外購的決策產生一個不願面對的真相。委託人可能會問：「為什麼代理人第一個問我的問題是，『你能為我帶來哪些受眾？』，我還要將作品的控制權交給代理人。」委託人和代理人之間的緊張關係已經司空見慣，但我們仍需回到數個世紀前，看看這個問題如何被解決。

「贊助」（Patronage）指的是一個組織或個人給予另一個組織或個人支援、鼓勵、權利或資金援助。贊助起源於文藝復興時期，歐洲的畫家、作家和音樂家都靠贊助維生。有錢有勢的贊助人會提供創意工作者資金援助和政治庇護；作家和畫家則將贊助人的功績，寫在書中或畫在畫布上做為回報。十八世紀愛爾蘭裔的英國政治家和哲學家伯克（Edmund Burke）認為，贊助是「富人給天才的貢品」。富人為了炫耀財富，購買他們缺乏的「卓越創意」。

伯克精明的觀察結果僅存在極短的時間，隨後，中產階級很快就出現，加上大規模生產技術發展，讓大眾普遍能夠取得創意作品，並且造成贊助人邊緣化。富人將投資移向其他領域，創意天才們則將目光放向更廣大的市場，而非富有的個人。傳統贊助結束之時，正是我們現在所見娛樂產業的開端。

但由於數位破壞性創新的關係，贊助以隱晦的形式悄悄重新出現。贊助轉換成為現代的樣子，消費者成為了贊助人，他們會贊助歌手、Podcaster、作家，甚至他們認同其著作的學者。

我們在前一章探討過，贊助依然需要「吸引群眾」，但交易的方法變了，原本是創作者發行內容後讓消費者付錢購買，現在變成消費者付錢後創作者才發行內容。韋瑞安的供應點機制在現代贊助模型中得到應用，人們希望在創作者創作過程中就給予贊助，而非僅在作品出爐後購買。保留創作作品所有權並自行籌資，由平台管理金流；或者放棄所有權並讓中介機構提供資助，以及控管你的收入——兩者之間的權衡並非表面上那麼簡單。不過，因為無論哪個選項都需要仰賴創作者來吸引群眾，藉由贊助就可以排除中介機構代為管理金流。

如同其他產業（例如零售業和貿易商）也存在雙邊平台，可將傳統商業模式去中間化，贊助服務現在也出現競爭市場。市面的眾多平台中，Kickstarter 和 Patreon 最能說明贊助如何及為何回歸，以及贊助的未來會如何發展。Kickstarter 和 Patreon 皆為消費者能夠直接贊助創作者的管道，而不需要透過中介機構。

Kickstarter 成立於二〇〇九年，大部分人普遍認為 Kickstarter 是贊助活動在現代重新崛起的開路者。創作者（委託人）利用 Kickstarter 向大眾募資贊助他們的專案，自願的支持者（代理人）則面臨全有或全無的風險：只有在專案達到募款目標時，創作者才會向贊助人收費、發行商品。Kickstarter 聲稱自上線以來已經從一千九百萬支持者身上收到五十三億的認繳金額，而且有超過十八萬七千件專案募款達標。Kickstarter 針對協助連結創作者和贊助人的服務，收取五％的費用，其他贊助金額都會直接由贊助人流向創作者。

Kickstarter 的創新在於，它們意識到如何在數位、雙邊平台的世界中重新創造贊助。Kickstarter 宣稱它們的使命是「協助實現創意專案」，它們確實也成功幫助創作者自己找到支持者。創作者不需再孤注一擲，押注傳統版權代理商願意投資他們。

一次性贊助模型隨著時間推移風險漸增，因為每項專案都必須分別尋找支持者，如果找不到就會喪失動能，委託人再次嘗試募資時，可能也會難以找到支持者。即使一項專案成功了，創作者開發續作時，也需要回到原點重新尋找支持者。這種時停時走的模式或許能幫助創作者開始新專案，但卻難以維持動能。

下一個贊助合乎邏輯的支點，是要從一次性贊助轉為持續性的訂閱贊助。Patreon 成立於二〇一三年，晚了 Kickstarter 四年。Patreon 提供的商業工具，讓創作者不僅能單次募款，還能讓贊助人持續訂閱。持續模式在產出頻率極高的媒體型態商品上最為流行，例如影音部落格（Vlog）和 Podcast，但像是音樂專輯這種不會經常發行的商品，使用頻率則較低。持續模式的交易成本高於 Kickstarter，約為八%，實際成本取決於創作者的訂閱人數和提供的會員方案。Patreon 聲稱其會員中每月活躍的贊助人達六百萬人，支持超過二十萬名創作者，從創立以來的累積贊助金額超過二十億美元。在 COVID-19 疫情影響下，創作者極力尋求生存管道，也讓網站積聚大量動能。

將 Patreon 的成就放到大環境中比較，可以發現如果每位創作者的版稅固定為二〇%，全球唱片音樂產業需要花費十二年的時間，才能將二十億美元的串流版稅流入個人創作者手中；相較之下 Patreon 僅僅花了七年。在串流營收成長出現趨緩跡象時，Patreon 才正要開始擴展營運版圖到美國之外的國家，包含在柏林開設新辦公室，以及新增歐元和英鎊等付款方式。

贊助與《匹克威克外傳》

第二章告訴我們，串流經濟學正在影響歌曲創作，讓歌曲越來越短，開頭就會進到副歌。第四章的自製或外購原則，則存在一個更早的例子：狄更斯（Charles Dickens）的第一部完整小說《匹克威克外傳》（*The Pickwick Papers*）所開創的贊助模式。狄更斯的小說並不是常見的按字付費，而是按期付費，每期收費一先令，最後的第十九期有兩段內容，因此收費兩先令，每本小說可為狄更斯賺進二十先令——這類似現在的音樂串流經濟學，付費模式並非根據故事長度，因此字數越多，每字報酬就越低。狄更斯與他的出版商，也為泰山經濟學的第一條原則提供了貢獻：他們最佳化觸及率而非收入，採用類似於串流的 ARPU 經濟學。一本完整書籍要價三十先令，相當於一整週的薪水；但相對來說每一期的價格就十分親民。狄更斯的潛在目標市場是大眾，而非少數個人。

狄更斯也利用第三項吸引群眾的原則：每一期的內容都會讓人期待下一期的故事。這是由下而上的病毒式口耳相傳，就如同一個世紀後特百惠的故事。對於在自製或外購決策中掙扎的人來說，狄更斯的贊助模式最能說明核心問題。在生產書籍的過程中，出版商會逐步拿到收入，生產某一期的成本能夠在下一期開始生產前回收。這種方式還可以產生交叉擔保的效果，暢銷的內容可以彌補先前的損失。逐期出版的方式影響的不僅僅是收入，還有回饋。大家普遍認為，狄更斯並不會根據讀者的期待改變小說劇情，但學者認為在《馬丁・朱述爾維特》（*Martin Chuzzlewit*）的故事中，狄更斯因為銷售不佳而將主角送到美國；在《塊肉餘生記》（*David Copperfield*）中，狄更斯也改變莫徹小姐（Miss Mowcher）這個角色的設定，原因是女性讀者不滿意這名角色的設定。這就類似於搶先體驗的玩家，協助開發人員在遊戲發行前改善遊戲，最有名的例子就是遊戲《當個創世神》（*Minecraft*）的進化歷程。

狄更斯和他的出版商是贊助的先驅，他們在風險與報酬間取得平衡，讓狄更斯的創意能夠觸及更多人，並且賺到更多報酬。現今的贊助平台很可能就在努力仿效這種雙贏的方式，贊助平台就像近兩個世紀前狄更斯和他的出版商一樣，從實踐中學習。

最近贊助的復甦又該如何解釋呢？其中一個因素是贊助人贊助時會感覺愉悅。現在的數位贊助人發現，他們能夠讓傳統守門人機制下毫無機會曝光的創作者獲得機會。只要創作者能夠持續發光發熱，贊助也能讓贊助人共沾榮光。針對以上這兩點，我來講講自己的故事。我贊助了一位名叫「Squidge Rugby」的Vlogger，他在節目中會詳細分析複雜的球賽，是電視賽評必須塞在短短幾分鐘內的內容。我的名字會出現在每一集的感謝名單中，所以就算我沒有觀看節目，也會因為有其他觀眾收看節目而感到很滿足。

此外，還有另一個更深刻的力量：親密感。對許多人來說，消費者和創作者的連結，僅僅是在玻璃螢幕上按一下而已。因為網際網路可以擴展許多事物，但卻難以擴展親密感。人們渴望的鐘擺從數量擺向質量，從許多人擺向少數人，從大規模單向複製內容擺向更親密的雙向交流。疏遠讓人們更需要親密感。人與人之間越疏遠，在不斷擴大的擁擠房間中，就越來越難感受到有人願意傾聽我們的聲音。

如果創作者可以利用贊助模式組成會員群組，就能夠一舉數得。不但吸引中介機構現已無法吸引的群眾，創造原本無法得到的資金，並且創造中介機構無法創造的親密感。贊助不僅促進了親密感，親密感也會刺激更多贊助。特百惠的例子中也能看出親密感的應用：當你在朋友家中這樣的親密環境認識了一件商品，周圍都是與你親密且信任的朋友，都是以個人身分使用和推薦這件商品，就會增加你想要購買這件商品的意願。

班雅明（Walter Benjamin）一九三五年的知名論文〈機械複製時代的藝術作品〉（The Work of Art in the Age of Mechanical Reproduction）中提出，當大規模生產技術能夠製造出成千上萬相同藝術品的完美複製品時，藝術就失去了「靈氣」（aura），也就是藝術品和藝術家的直接連結。論文發表後又過了接近一百年，消費者選擇成為贊助人來找回「靈氣」。消費者藉此避開大眾市場的模式，尋找新方法來接近藝術作品，並且和景仰的創作者建立更深刻的關係。

贊助就是在搓合這兩個市場。一邊的消費者想要重新找到「靈氣」，另一邊的創作者則需要發展親密感。居中的傳統守門人並無法恢復這種連結，甚至要為連結消失負部分的責任。

*

自製或外購決策的舊藤蔓，通常意味著權衡成本效益後，最終只能得出「喜歡的事只能當興趣、賺得到錢的事才能當職業」。以音樂家來說，也就是創作音樂賺不了錢，教音樂才能維生。守門人十分清楚這個道理，並且能夠在提出的合約中，善加利用它們的群眾吸引能力。中介機構簽下創作者，就像是丟下繩子幫助創作者逃離日常生活的地牢。但現在天秤已經傾斜了。

如同歷史上的所有先驅，電台司令的《彩虹裡》留下的真正遺產並非這段成功歷程，畢竟樂團本來就已經十分受歡迎。真正的遺產是電台司令如何採取「大膽的行動」來探索新領域，並且為無數後人留下能夠跟隨著前進的地圖。藉由開拓自己通往市場的道路，電台司令學到了創作、商業和群眾的無價課程，如果他們聘用中介機構代為處理，就永遠不會學到這些經驗。對於現今想要吸引群眾的創作者而言，跟隨電台司令的腳步，「自製」成為了預設選項。因為如果你無法吸引群眾，也很難找到中介機構幫助你。

現在就算求助中介機構，創作者還是要自己創造受眾，導致傳統的「外購」已失去許多吸引力。同時，由於數位贊助平台出現，能夠大規模建構創作者和贊助人的直接連結和金流關係，讓「自製」的選項越來越容易達成。現在想要吸引群眾的千禧世代相當清楚上述狀況，但對其他人來說這是一記當頭棒喝，告訴這些人，是該放開過去所依賴、預設的外購選項了。

自製或外購的抉擇處處存在，Kickstarter 和 Patreon 兩家率先採取行動的小公司僅是其中幾個例子。Kickstarter 和 Patreon 以小蝦米的姿態扳倒 YouTube 和臉書等大鯨魚，Kickstarter 和 Patreon 真正在全球營運，吸引的群眾之多，連這些美國的大公司都只能望塵莫及。在全球平台讓全世界每個人都能觸及，遠遠勝過成為單一國家平台的巨頭。

最後我們要討論的還是實體足球賽。我們可以看到 YouTube 和臉書等大鯨魚，正在展現它們的贊助力量，這些大公司與足球俱樂部合作，在它們的平台上設立會員俱樂部。英格蘭足球超級聯賽（English Premier League）冠軍利物浦足球俱樂部（Liverpool FC），就在 YouTube 上推出自己的付費頻道，希望能吸引目前免費訂閱頻道的五百萬全球訂閱者加入。相較之下，老牌的賽事集錦節目《今日比賽》（*Match of the Day*）在二〇一八年觀眾達到七百萬人。利物浦的粉絲可以選擇持續訂閱付費頻道，以便獲得獨家足球超級聯賽內容，類似於 Spotify 的增值服務。

「俱樂部中的俱樂部」策略與我們接下來討論的「聯合組織」主題相關。英格蘭足球超級聯賽是一個聯合組織的結構，掌握吸引群眾的功能，並且銷售利潤豐厚的廣播和品牌權，利物浦足球俱樂部則參與該組織的賽事。聯合組織讓聯賽得以進行並產生價值，球隊可以透過協商取得一站式執照，取得部分或所有英格蘭足球超級聯賽在全世界的權利。但取得方式由聯合組織管理，所以全球利潤最高的運動權利也有其缺點，個別球隊感覺會受限於聯合組織，無法尋找新的商機。

這也是為什麼利物浦足球俱樂部的 YouTube 頻道是一個極具啟發的例子，說明了我們學到的經驗和應該採行的改變。最有價值的英格蘭足球俱樂部得以繞過聯合組織，直接從粉絲身上獲取價值，相當於利物浦在「自製」與「外購」間找到平衡，兼顧自身的「自利」和聯合組織的「共利」，藉此便能在聯合組織之外賺取更多收入，並能協商出更好的條件，繼續待在聯合組織中。接下來，我們將探索某種形式的「馬克思主義」——但並非你所熟悉的馬克思主義。

章節附註

1 科內利（Francesca Cornelli），〈固定成本下的完美銷售方法〉（Optimal Selling Procedures with Fixed Costs），《經濟理論雜誌》（*Journal of Economic Theory*），第七十一卷第一期，一九九六年十月，第一頁至第三十頁。

2 米爾格龍（Paul Milgrom）和韋伯（Bob Weber），〈拍賣競標理論〉（A Theory of Auctions and Competitive Bidding），《計量經濟學》（*Econometrica*），第五十卷，第五期，一九八二年九月。米爾格龍和韋伯在二〇二〇年十月十二日因為「改進拍賣理論和創造新拍賣模式」獲得諾貝爾獎。

3 韋瑞安（Hal Varian），〈公共財序列捐獻〉（Sequential Contributions to Public Goods），《公共經濟學雜誌》（*Journal of Public Economics*），第五十三卷，第二期，一九九四年二月，第一百六十五至第一百八十六頁。

4 韋瑞安，〈公共財和私有禮物〉（Public Goods and Private Gifts），*Mimeo*，二〇一三年。

5 約翰·凱（John Kay），〈所有東西的價格：人們使用成本效益分析所犯的錯誤〉（The price of everything: what people get wrong about cost- benefit analysis），《展望雜誌》（*Prospect Magazine*），二〇一九年三月。

第五章　自利與共利

某次媒體會議上，我注意到報紙編輯語氣的轉變，才發現我心中有一本書正急切的想要出版。破壞性創新出現的最初十年，報紙都沉溺在幸災樂禍中，嘲笑音樂產業的不幸。唱片公司和零售業者被貼上「垂死」或「已死」的標籤，更慘的是被稱作「骨灰產業」。

英國著名的諷刺喜劇《ＩＴ狂人》（*The IT Crowd*）中有一段，警告消費者不要竊取版權，其劇情捕捉到當時報紙產業的情緒。它們以電影預告片的方式呈現，警告付錢的消費者，他們不會偷走手提包、汽車、甚至嬰兒；也不會射殺警察並偷走他的頭盔當馬桶用，然後再還給悲慘的警察遺孀！這段劇情想傳達的訊息就是，消費者不應該竊取電影或音樂。劇中懶惰的崔尼曼（Roy Trenneman）由才華洋溢的奧多德（Chris O'Dowd）飾演，他一邊吃著爆米花，一邊嘟噥：「這些反盜版廣告真是太刻薄了。」惹得觀眾捧腹大笑。

當時音樂產業可能是個笑柄，但情況很快的出現轉變。二〇〇二年九月 Google 發布測試版的 Google 新聞時，衝擊的種子就已經播下。二〇〇六年一月，Google 新聞官方網站正式上線，到了二〇一一年成長到關鍵規模，網站上總共掃描了六千萬張報紙頁面，並成為重要的搜尋結果。隨著消費者目光轉向搜尋引擎，報紙廣告收入開始下滑，發行量也隨之下降。惡性循環不斷發酵，直到今天報紙產業依然持續衰退。Google、臉書和其他網路媒體從報紙產業挖走大量廣告收入，若按照名目值計算，美國報紙產業的廣告收入，相較於巔峰時期整整下滑了八〇％；若按實質金額計算，廣告收入等於回到經濟大蕭條前的水準。[1]

這邊需要停下來思考一下。你只要回想一下新聞片段，就會發現音樂和新聞背後的經濟學並不相同：如果 Google 分享給你一小段新聞標題，很可能已經足以讓你得知新聞內容，而不會產生任何誘因讓你進一步探索原始的新聞。但如果 Google 分享給你一小段音樂，很可能會驅使你進一步尋找完整歌曲。如果說智慧財產權是一個支點，則必須小心在刺激和滿足間取得平衡。如果沒有味道，很少人會咬；但如果太多免費口味，也很少人需要。

我們之後將深入了解的作家韋伯（Rick Webb）指出，Google 挖走報紙的廣告收入，人們對廣告的作用提出疑問：廣告依然還是帶來正面影響的要素嗎？韋伯指出，早期經濟學文獻認為廣告能為經濟帶來正向影響，因為廣告資助讓新聞得以大規模傳播。如果沒有廣告，消費者得到的資訊會減少許多。韋伯認為，這些廣告資金現在已經不再資助新聞業，廣告整體來說是否依然帶來正面影響，已經不那麼明確。

報紙產業正陷入流沙中，竭力思考如何擺脫困境。首先，需要先問問報紙現在處在什麼地位？為什麼還要叫做報「紙」呢？畢竟，現在大多數消費者跟報紙的接觸點都不是紙張，而是閱讀玻璃螢幕後的內容。此外，實體發行的成本極高，中間經銷商往往要求全有或全無的協議，才會將實體報紙送到全國各地，而非特定區域或城市。難怪報紙受歡迎的程度，傳統上會以退回配送倉庫的數量來測量，而非報攤上的銷售量！

此外，我們必須借助麥克魯漢（Marshall McLuhan）的觀點：「媒體即訊息。」然後試問誰先誰後？我們是否相信（碰巧為某大報社寫稿的）某位專業記者？如果是這樣，假設競爭對手挖走那位專業記者，我們會改看別家報紙嗎？同樣的，我們是否會閱讀特定主題，像是金融或藝術，然後根本不在意由哪位記者撰寫？或是信任一家大報社，並希望我們想閱讀的主題有充足的報導？

報紙產業只是其中一個難以接納泰山經濟學的產業，依然緊緊抓住舊藤蔓。當然，還有許多產業也處於類似困境，例如購物中心、大學、交通和地方政府。每個產業都有一個「達到目的的手段」的問題要問，我們在處理「公司理論」時很快就會深入探討。

報紙產業是否能透過重新建構自己的身分（無論是記者身分或報社身分），擺脫不斷下滑的發行量和廣告收入漩渦？每個記者或報社究竟是為自利而行動的獨立實體，還是為共利而行動的記者和報社聯合組織？

古典經濟學假設，人們總是理性思考，我們會根據直接為自身帶來的利益，做出自製或外購等決策。泰山經濟學發現，人們比經濟學的假設還要複雜。

最重要的是，人類是群居生物，有時會有更強大的動機，驅使我們做出帶來共同利益的決策，而非僅考慮自身利益。雖然古典經濟學假設人們會問自己「這對我有好處嗎？」以做出決策，但是泰山經濟學採用更寬廣的觀點。在自製或外購的決策中，問題會變成：什麼時候自己控制販售的東西會比較好？又什麼時候成為聯合組織的一部分會比較好？

關鍵問題在於，聯合組織聽起來像是蘇聯時代遺留下來的產物，隨著共產主義垮台，聯合組織的吸引力也隨之下降。更現代一點的說法是，什麼時候應該緊抓著手上的底牌，抵抗所有可能的競爭者？什麼時候又該將底牌攤在桌上，並且和競爭者合作？

第四章解釋為什麼數位破壞性創新，會讓創作者產生保留作品控制權的誘因。現在該來檢視，為什麼聯手合作、為共同利益行動、並成立聯合組織，能夠帶來許多好處，特別是在將作品推向市場時更是如此。畢竟，更多獨立創作者就代表市場有更多零碎的個體，需要更多協調來解決「多對多」問題，也就是遠超越過去的更多創作者想要和更多個人消費者橫跨更多國家來交易。因此，市場存在潛在的「水床效應」（waterbed effect），即創作者減少利用中介機構（disintermediation，即「去中間化」，移除現有中介機構）可能會提高對聯合組織的依賴（reintermediation，即「再中間化」，需求新的中介機構），以便藉此解決經銷問題。

這就是為什麼我們需要了解如何形成聯合組織，以及為什麼為了成員的共同利益採取行動完全值得。

抽著雪茄的格魯喬．馬克思（Julius Henry "Groucho" Marx，一八九〇—一九七七）在八十六年的歲月裡，為這個世界留下許多慧黠的話語。我最喜歡的一句話是：「我必須承認，我發現電視十分具有教育意義。因為只要每次有人打開電視，我就得去圖書館讀一本好書。」格魯喬．馬克思是一位傑出的喜劇演員，他可以隨意脫口而出無數句俏皮話，每一句都妙不可言，但又能捕捉到生活中的反常和複雜之處。這位並非著名的社會主義學家卡爾．馬克思（Karl Marx），而是這位喜劇演員格魯喬．馬克思，他讓我在歐盟即將面對共同經濟史上最大的挑戰時，打開對於聯合組織所面臨的挑戰的思考。

千禧年之際，我正在格拉斯哥學習經濟學，並且著迷於弄清楚十一個歐洲國家如何採取前所未見的行動：創造單一歐洲貨幣——歐元，取代各個成員國的個別貨幣。

歐元是歐洲五十年經濟一體化歷史中最大的豪賭。從美國的觀點來看，歐洲正試圖追上美國的腳步。美國在一七八五年創造以美元做為全國的標準貨幣單位，七十年內美元已經在美國國內完全流通。你只要向美國留學生說明，從法國巴黎開車到德國杜塞道夫，大約是從巴爾的摩到波士頓的距離，卻需使用四種不同的貨幣才能順利支付油錢，然後你只要看他們的表情反應，就能夠清楚了解美國和歐洲的歷史差距。

無論過去或現在，歐元都是一項野心勃勃的計畫。聯合組織就是由內部工作成員共同擁有和控制的組織或企業，歐盟就是聯合組織的最佳例子。將歐盟創始成員連結在一起的原因有兩個：第一，想要建立更緊密聯盟的政治願景；第二，經濟狀況不佳的創始成員國，想要引進德國在控制通貨膨脹方面的信譽。早在一九五〇年，德國就以健全的財政政策聞名，與其他歐盟成員國形成鮮明對比。

想要擺脫經濟敗壞名聲的部分歐洲國家，需要加入一個能夠幫助它們發展良好習慣的俱樂部——歐元正是它們所需的俱樂部，管理歐元的歐洲中央銀行總部，不出意外的位於德國法蘭克福。歐盟各國都有自己獨特的經濟循環，但歐元如果要成功，就要訂定一個適用於許多不同國家的單一利率。為了讓經濟狀況截然不同的成員國經濟表現一致，歐盟需要訂定成員國所需遵守的規則。

解決辦法就是設計標準，迫使這些相異經濟體整頓經濟，包含達成低通膨率、穩定預算赤字和債務占GDP比例，以及類似德國馬克的長期穩定匯率。換句話說，如果想要加入這個俱樂部，必須要在維持「健全貨幣」上達到德國的水準。

對於荷蘭這類強大且穩定的經濟體來說，這樣的要求並不會太難；但對義大利和希臘這類較脆弱的經濟體來說，卻十分難以達成。這些經濟脆弱國家的負債總額超過整個國家經濟體；此外，國家財政支出毫無節制，造成稅收入不敷出。更糟糕的是，這些國家無法控制通膨，進而侵蝕國家財富。最要命的，這些國家傾向訴諸貨幣貶值手段，降低國內貨幣價值來強化出口優勢，想藉此擺脫經濟萎靡。

大選迫在眉睫之際，貨幣貶值是政治上解決經濟問題最方便的手段，但長期來說卻會損害歐盟計畫。如果成員國都試圖讓國內貨幣貶值來獲得出口競爭優勢，就不可能形成經濟聯合組織。歐元設有固定匯率且為歐盟共同貨幣，加入歐元俱樂部後，就無法再使用貨幣貶值這張免罪卡。

金融市場懷疑聯合組織是否有能力保持團結。經濟表現不佳的南歐國家，特別是希臘和義大利無論過去或現在經濟聲譽都破敗不堪，它們真的有辦法加入需像德國一樣擁有經濟紀律和信用的歐元俱樂部嗎？就算真的加入了，這些南歐國家有辦法引進德國備受信賴的健全貨幣系統嗎？還是會讓自身糟糕的貨幣政策擴散到其他國家呢？南歐國家能夠遵守成員國規定，實行艱難的結構性改革來平衡其帳冊嗎？或者只是用欺騙的方式混進歐元俱樂部，然後搭上歐元信譽的順風車呢？

舉例來說，希臘政府經營大眾運輸的糟糕方式，就可能傳染到其他國家。千禧年之際，希臘政府經營的鐵路公司員工比乘客還多，每年虧損數十億歐元。希臘前財政部長馬諾斯（Stefanos Manos）還曾公開指出，政府出資讓所有人民乘坐計程車，甚至比經營鐵路划算！希臘經濟學家薩法（Miranda Xafa）說明政府如何利用巧妙的會計手法讓問題消失：鐵路公司會發行股票讓政府購買，政府購買股票不會記為財政支出，而是列為金融交易，如此一來這筆花費就不會出現在政府的預算收支表上。這才讓希臘達成歐盟「馬斯垂克條約」（Maastricht Treaty）的標準，並且溜進歐元俱樂部。

如果說希臘的經濟表現不佳，那義大利的經濟表現就是糟糕至極。義大利馬切拉塔大學（University of Macerata）的經濟學教授皮加（Gustavo Piga）表示，義大利政府使用高風險交易策略來規避「馬斯垂克條約」的規定，並藉此加入歐元俱樂部。藉由操作高風險的日圓計價債務利率交換（swap），義大利得以在預算赤字規模方面誤導歐盟機構和義大利人民。希臘和義大利都成功加入本不該接納它們為會員國的歐元俱樂部，兩國隨後的表現也證明它們確實不值得信任。

一九九九至二〇〇〇年，我的第一學年即將結束時，同時也是歐洲經歷巨大動盪、但最後卻以前所未有的統一希望結束的一個世紀。我詢問我的教授哈雷特（Andrew Hughes-Hallett），這場歐洲單一貨幣聯合組織的豪賭是否會成功；如果無法成功，那麼瓦解歐元聯合組織的力量會是什麼？哈雷特是專門研究歐洲前景的專家，擁有莫內經濟學教授的稱號——莫內（Jean Monnet）是法國的外交官，他相信唯有透過經濟整合才能最終達到政治整合。哈雷特的回答十分具有啟發性。

哈雷特告訴我：「格魯喬．馬克思的理論告訴了你歐盟計畫未來的走向。」

我很困惑，即使與教授見面的時間有限，我還是趕緊再問一次，這個聯合組織是否能堅持下去？統一的規定真的適合歐洲所有國家嗎？

「你還沒有研究過另一個馬克思主義嗎？」哈雷特打趣的說。他指的是格魯喬．馬克思，而不是大家熟悉的卡爾．馬克思。我很尷尬的回答，兩種馬克思主義我都沒有研究過，只隱約記得格魯喬．馬克思和他的兄弟們在一九三〇到一九四〇年代拍過黑白影片。於是哈雷特就引用了格魯喬．馬克思主義的一個論點，來解釋聯合組織根深蒂固的問題——也就是重視自利而非共利：「我並不屑加入任何願意讓我成為會員的俱樂部。」

格魯喬．馬克思的理論如果應用到歐元上，會強調沒有任何國家在自身利益基礎上，願意加入由經濟效率比自己差的國家組成的貨幣聯盟。同樣的理論可以得出，任何國際聯盟都會試圖說服經濟效率更好的國家加入它們的聯盟。

歐元區能夠形成的關鍵動力就是，高通膨國家想要加入歐元俱樂部，來確保達成自身無法做到、和德國一樣的低通膨率。格魯喬．馬克思主義強調犧牲自身利益來達成共同利益的風險，不同團體可能會承擔相同風險，但卻有相反目標（asymmetric incentive，不對稱誘因），又或者未參與聯合組織的團體卻能從中獲利（搭便車）。

來看看歐盟的狀況吧。在隨後的二十年間，歐盟成長到二十七個成員國，這個數量已經扣除現已脫離歐盟的英國，其中有十九國採用歐元。但除了芬蘭外，其他經濟表現良好的北歐經濟體皆未加入歐元俱樂部。反之，新加入歐元俱樂部的成員大多來自經濟表現不佳的南歐地區。在金融危機最嚴重之時，歐盟給予義大利與希臘經濟援助。就如同格魯喬．馬克斯預測的那樣，芬蘭是最強烈的反對者。

二〇〇一年的最後一天我人在德國，親眼目睹歐元新鈔被送至德國的提款機，準備在二〇〇二年一月一日開始使用。德國將花費巨額的歐元，提供經濟表現不佳、誘因又和德國不同的成員國又昂貴又難堪的金融援助。如果這些糟糕的成員國，持續忽視格魯喬．馬克思理論背後的經濟學，以及它們帶給聯合組織的壓力，歐盟該怎麼辦呢？這些由完全不同經濟體組成的聯合組織，深陷在不對稱誘因和搭便車問題，該如何繼續前進？抑或就如同格魯喬．馬克思所言：「婚姻是一項美好的制度，但說真的，誰想在制度下過生活？」

如果說格魯喬．馬克思（事後來看，卡爾．馬克思的理論也可以解釋）告訴我們為什麼聯合組織會分崩離析，那麼，控制成本和防止分裂的共同願景，就是維持聯合組織團結的力量。若要了解怎麼維持團結的力量，首先要談談「交易成本」（transaction cost）。經濟學家常常會將交易成本像書擋一樣加到公式最後面。交易成本的廣泛定義，就是經濟交易中涉及的任何成本，總共分成三類：搜尋成本（search cost）、協調成本（bargaining cost）和違約成本（enforcement cost）。綜觀歐元的故事，形成聯合組織統一貨幣的誘因，就是能夠消除上述三項交易成本。只要在歐元俱樂部裡面，就不需要尋找合適的外匯經紀人，省下搜尋成本；省下確保能按照商定匯率報價的契約執行成本，不需再簽訂合約；不需要支付跨國貨幣交易費用，省下協調成本。如果有歐元成員國離開聯合組織，以上交易成本會再次出現，因此成員國有足夠的誘因留在歐元俱樂部中。

交易成本的概念源自美妙且歷久不衰、由諾貝爾獎得主寇斯（Ronald Coase）於一九三七年所撰寫的論文《企業的本質》（*The Nature of the Firm*）。目前擔任 Google 首席經濟學家的韋瑞安認為，寇斯的論文提出一個看似簡單的問題[2]：

> 「如果市場是分配資源的絕佳工具，為什麼沒有不會在企業或公司內部使用？為什麼生產線上的工人不會和身旁的工人協商，要收多少錢才會提供他半成品？……公司不使用市場機制，而是使用層級結構，使用命令和控制，而非協商、市場和顯性合約……這一切都是因為交易成本。寇斯提到，經濟學家所稱的企業，本質上就是使用

命令和控制，相對市場機制來說能用更低成本且更有效率完成工作的一系列活動。」

韋瑞安對寇斯歷久不衰論文提出簡明扼要的結論，也提供我們重新檢視資本主義本質的新觀點。矛盾的是，如果仔細審視後會發現，資本主義本質上很像中央計畫的共產主義。你可以從這個角度思考：相較於無數獨立顧問，層級組織是不是更容易讓工作完成呢？

從一九三七年寇斯的理論出現，一直到現在，我們可以肯定的是交易成本已經大幅下降。例如，由於Google這類搜尋引擎出現，在網路上搜尋資料的成本已經大幅下降，但因為出現更多選擇和更多資料來源，反而可能增加協調成本。同樣的，由於網際網路的透明度漸增且摩擦不斷下降，違約成本理應也要下降，但律師費似乎沒有出現更便宜或計費時數減少的跡象。

我們應用泰山經濟學探討成立聯合組織的優劣時，交易成本這個籠統的專有名詞反而會造成麻煩。經濟學家常犯的過錯就是把不理解的東西掃到地毯下，然後希望沒有人注意到論點中存在缺陷。交易成本中，經常遭忽視的不是實現了什麼，而是防止了什麼——聯合組織能夠有效避免僵局。

如果解決協調問題（例如物品所有權）的成本過高，將導致交易無法發生，就會產生僵局。我們重新討論第一章提過的簡單架構：共有財悲劇。共有財悲劇意指太多人共享單一資源，導致過度使用；例如，過度捕撈海洋魚類或排放過多廢氣。解決或防止共有財悲劇最快的方法，就是明確規範所有權，因為財產的所有者能夠直接從保護的資源中受益，就會防止資源被過度利用。但所有權也會帶來新問題，想像一下，如果天空分成數千份，賣給數千個不同的國家或公司；或者海洋私有化，由全世界很多人所掌控，每個人都訂定自己的條款和條件，這樣會讓海運和空運幾乎無法運作。分配所有權雖然能避免共有財悲劇，但卻會導致像哥倫比亞法學院（Columbia Law School）教授、同時也是《僵局經濟》（*The Gridlock Economy: How Too Much Ownership Wrecks Markets, Stops Innovation, and Costs Lives*）一書作者海勒（Michael Heller）所提出的「反共有財悲劇」（tragedy of the anti-commons），也就是資源過度零碎，導致無法被充分利用。

但是，「未充分利用」並不是一項能夠輕易測量的指標，因此常常遭到忽視。最後一章我們將討論到，人們天生的量化偏差（quantification bias）會讓人更傾向認同可測量的指標。如果無法測量何種資源未被充分利用，就很難期待學者和政策制定者注意到你的論點。未充分利用是「不存在」的概念，而不是一個已經發生的、「存在」的概念。

根據海勒的說法，其中一個最早的反共有財悲劇的例子，就發生在萊茵河沿岸。在十九世紀歐洲鐵路網興建前，以及二十世紀高速公路出現前，約有超過千年以上的時間，貿易運輸都是利用萊茵河，或者說，嘗試利用萊茵河規劃交通路線。

如果十三世紀時有辦法翱翔橫越歐洲，鳥瞰景色，就會發現一千三百公里長的萊茵河從瑞士阿爾卑斯山源頭出發，流經現在六個不同的國家，最後流入荷蘭鹿特丹外的北海。

中世紀時，萊茵河是一條重要的貿易路線，由神聖羅馬帝國（Holy Roman Empire）所保護。商船會支付通行費，通行費則用於維護河流和保障商船運輸安全上。通行費由中央掌權者制訂和分配，形成某種聯合組織。腓特烈三世（Emperor Frederick III）在一二五〇年過世後，曾出現一段權力真空期，從此一切改變。神聖羅馬帝國不只是繼位人選未達成共識，也沒有規範可言。貪婪的男爵們發現市場的漏洞，並且開始利用這個漏洞收取未經授權的河流通行稅。男爵之間沒有任何協調，也不受法規限制，單純就是搶奪利益。男爵們用來徵收通行費的城堡極為密集，甚至各城堡間距離近到可以彼此傳遞價格訊號！

萊茵河河水日夜流動，錢卻沒有流進男爵們的口袋。自利的男爵們讓萊茵河沿岸貿易變得無利可圖，因為通行費過高使商人們無法利用萊茵河進行貿易，零碎的所有權導致反共有財悲劇，這種財政上的僵局造成萊茵河未被充分利用。

商人們決定組成私有聯合組織「萊茵同盟」（Rhine League）來應對，試圖振興萊茵河沿岸貿易。萊茵同盟對男爵們發起戰爭，集結民兵攻擊通行費徵收員的前哨基地。不過，維持聯合組織的成本確實不低，要雇用民兵來執行萊茵同盟的政策所費不貲，而且很難避

萊茵河僵局

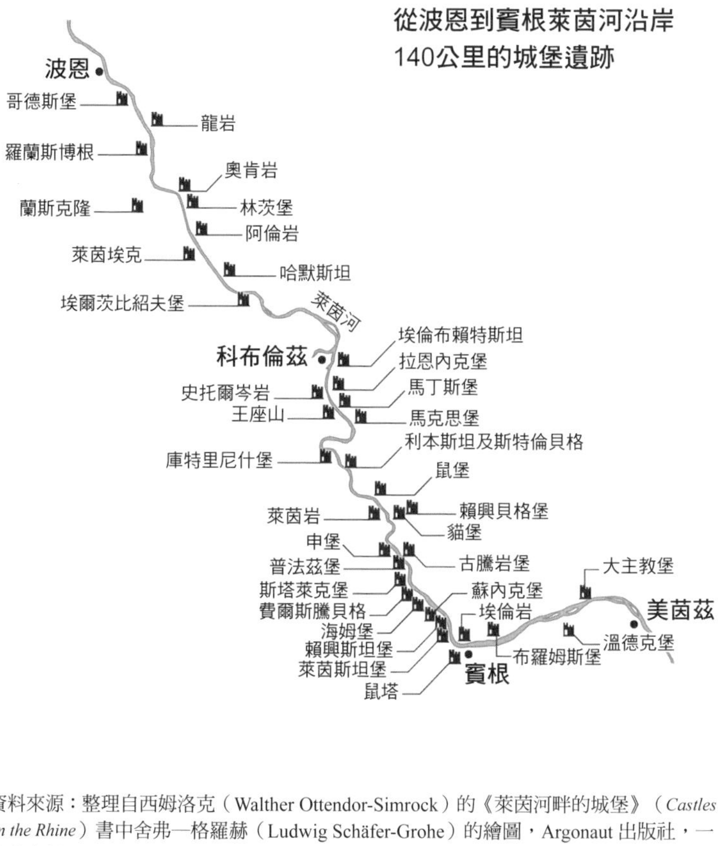

資料來源：整理自西姆洛克（Walther Ottendor-Simrock）的《萊茵河畔的城堡》（*Castles on the Rhine*）書中舍弗—格羅赫（Ludwig Schäfer-Grohe）的繪圖，Argonaut 出版社，一九六七年。

免搭便車行為，也就是有些商人和城鎮不繳同盟費卻依然可以受益於聯合組織。「格魯喬．馬克思主義」不斷挑戰聯合組織的存續，很快的導致萊茵同盟解體。萊茵同盟的束縛消失後，貪婪的男爵們馬上又重新奪回權力，並且在接下來的五百年間，繼續在未被充分利用的萊茵河畔徵收通行費。

五百年的反共有財悲劇產生巨額的機會成本。大家可以仔細想想，如果萊茵河發展出促進貿易繁盛的聯合組織解決方案，而非由自利的男爵徵收負擔不起的通行費，萊茵河沿岸的貿易活動會有什麼不同呢？

直到一八一五年，維也納會議（Congress of Vienna）才讓歐洲眾多領導者有效達成共識。領導者聯手清除造成僵局的通行費徵收員，讓萊茵河沿岸的貿易再次繁榮發展。然而，除去通行費徵收員的行動時間不僅嚴重延誤，很快的大家就發現行動效果不彰，而且已經太遲了。在萊茵河重新開放商業活動的同時，另一種更新、更卓越的運輸方式正在發展：鐵路網正逐步覆蓋萊茵河地區。商人們再也不需要利用萊茵河運送貨物，鐵路進一步減弱男爵們五百年來的運輸市場壟斷。

天啊，如果你聽過「監管疲乏」（regulatory fatigue），也就是行為惡劣的強勢企業，在耗時的監管行動抓到它們在舊市場的犯罪把柄前，會繼續在新市場中濫用主導地位。你可能會感覺萊茵河的故事和惡質強勢的企業行徑同樣令人失望。

男爵們想要短期牟取暴利的行為，反而可能讓他們少賺很多錢。如果男爵們追求共利而非自利，組成一個聯合組織，會有更多商人利用萊茵河進行貿易。貿易活動越頻繁，商人和男爵等聯合組織參與者也會獲得更多獲利的機會。

但我們無法期待貪婪的男爵們願意坐下來，接納友好且可持續運作的聯合組織模型。這告訴我們一個重要的歷史教訓：私人企業難以形成聯合組織。我們往往需要藉助中央政府或國際組織的力量，找出反共有財悲劇的情況，並且將自利男爵們收取的不合理通行費——這些單純圖利自己行動下的獲利——轉移為對多數人更有利、更有生產力群體。

上面簡述萊茵河的歷史故事，呈現出聯合組織的價值：市場參與者採取共利的行為，也就是讓所有需要的人都可以充分利用萊茵河；而非像男爵們一樣採取僅僅自利的行為，也就是盡可能收取更多通行費來滿足個人利益。萊茵同盟的應對策略雖然可能僅存在極短時間，但已讓我們學到經驗，可以了解如何成立專利、版權或其他權力的聯合組織，藉此整合或重新整合破碎的所有權。

法國作詞家兼劇作家布爾雷（Ernest Bourget，一八一四—一八六四）現在可能罕為人知，但全球依靠作品維生的數百萬創作者，都應該感謝布爾雷在一八四七年的貢獻。如果沒有布爾雷，不僅音樂家人數可能會大幅減少，靠作品維生的創作者也會難以獲得作品報酬。每首歌曲的播出，都受到下面布爾雷的著名「事件」深刻影響——真的，不誇張。

一八四七年時，娛樂業（現在稱為「演藝產業」）在巴黎蓬勃發展，然而「商業」的獲利超過了「演藝」。當時巴黎正歷經工業革命和中產階級帶來的經濟成長，中產階級又特別喜歡現場娛樂和咖啡音樂會。因為音樂、食物和飲料之間互補的特性，咖啡音樂會十分受歡迎，這樣的成功模式一直延續到今日。咖啡音樂會現場的食物和飲料的售價都相對昂貴，藉此讓觀眾可以免費享受音樂表演。商人不但能支付音樂家表演費，還能為自己賺取可觀利潤。

想像一下，我們正坐在一八四七年巴黎的一家咖啡店內，作曲家布爾雷走了進來，找到一個位置坐下來觀賞節目，我們即將見證智慧財產權歷史上的關鍵時刻。今晚，布爾雷來到莫雷瑞咖啡（Cafe Morel），他坐下後音樂表演剛好來到最後高潮。眾多客人放下手邊昂貴的飲料和開胃菜，全神貫注聆聽著表演。布爾雷開心的發現，這首緊緊吸引用餐者注意力的歌曲，正是他的作品之一。

歌曲的最後一個音符結束後，眾人爆出如雷的掌聲。布爾雷招來服務生，點了一杯淡糖水（eau sucre）。服務生告訴布爾雷，目前不提供這種飲料，這讓他十分震驚。原來，為了增加莫雷瑞咖啡的利潤，店裡有一條規定：天黑後，莫雷瑞咖啡只提供能夠帶來更高利潤的酒類飲料。

布爾雷非常生氣，莫雷瑞咖啡使用他的音樂去娛樂付錢的客人，但身為作曲者的布爾雷不但沒拿到一分錢，咖啡店甚至不願意看在他的面子上，讓他點一杯自己想喝的飲料。

隔天，布爾雷寫了一封信給莫雷瑞咖啡的老闆，通知他：「我要禁止咖啡店表演我的『情境喜劇』（scenes comiques）和『香頌』（chansonettes）。簡言之，我禁止莫雷瑞咖啡的歌手表演我所作的任何曲目。如果你不知道哪幾首是我的，可以在這封信後面的名單找到。」布爾雷列出了他的作品，成為第一位建立現在稱為「全球曲目資料庫」的作曲家。莫雷瑞咖啡沒有回信，於是布爾雷進一步前往賽納河商業法庭（Tribunal de Commerce de la Seine）和巴黎上訴法院（Cour d'Appel de Paris）提出控告，要求莫雷瑞咖啡賠償總計八百法郎。

正因為這場官司，音樂公開表演的版權許可誕生了。無論當時布爾雷實際上點的是杏仁糖漿還是淡糖水（諷刺的是，歷史學家們仍無法對當時布爾雷實際點的飲料達成共識），那次來訪都讓咖啡音樂會的表演生意從此必須負擔高額成本。作曲家擁有公開表演權這點已經確立，就算作曲家本人不在現場，店家仍必須考慮到公開表演權的問題。

作家取得版權的先例，也幫助布爾雷為作曲家在法律上取得勝利。從一七九三年開始，法國法律就賦予作家公開表演作品的專屬權。在著名的布爾雷事件前幾年，作家雨果（Victor Hugo）和巴爾札克（Honoré de Balzac）就曾遊說政府，禁止人們在公共廣場上朗讀他們的作品。人們這樣做就是公開表演的一種，也是最早的盜版行為。

法官告訴布爾雷，他需要「一大筆錢」才能執行這項裁決。法官的意思是，如果要執行表演權，需要有人去收取權利金，但若布爾雷想自己去收取所有的權利金又不可行。根據寇斯的交易成本理論，布爾雷獨立執行的搜尋、協調和違約成本，就遠超過他所能獲得的權利金收益。解決方法就是成立聯合組織。

一八五〇年三月十八日，大約是上述事件發生後三年，布爾雷與帕里佐（Victor Parizot）和昂里翁（Paul Henrion）兩位作曲家，以及發行商 Jules Colombier 合作，成立「作家、作曲家和音樂出版商協會」（La Societe des Auteurs, Compositeurs et Editeurs de Musique, SACEM），也是全球第一家音樂版權費徵收協會。

一八五一年 SACEM 重新改名，藉由創造可以從版權所有人取得授權的一站式商店，大幅降低音樂授權的交易成本。布爾雷表演權之戰真正的收穫，是發明了概括授權（blanket licence）。概括授權就像毯子覆蓋床鋪般，讓購買者只要進行一次簡單交易，就能使用全球所有版權而且不會產生任何責任，這麼做為原本會陷入僵局的行業提供一站式的商店服務。這樣的方式也讓付費購買智慧財產權變得極為簡單，相較於沒有聯合組織的情況下，進而讓更多作曲家能夠獲得更多報酬。

七年後，布爾雷的著名事件在美國再次上演。一九一七年，美國作曲家赫伯特

（Victor Herbert）與紐約市山里餐廳（Shanley's Restaurant）發生的「美國事件」中，同樣的爭議再次上演。赫伯特希望餐廳承認他的歌曲帶給餐廳的價值，但餐廳老闆拒絕了。最高法院法官霍姆斯（Oliver Wendell Holmes Jr.）說：「如果音樂沒有價值，那麼餐廳就不會播放。且不論音樂是否有那個價值，但你使用它的目的，就是為了給收益帶來附加價值，這一點就構成付費條件。」

這項原則現在依然適用。每當髮廊抱怨已經付錢購買CD、下載音樂或訂閱串流服務，卻還要付錢給版權徵收協會才能在營業場所播放音樂，音樂版權徵收協會就會提出，不然髮廊可以試試看不要放音樂做生意。版權徵收協會會說，音樂提高了髮廊營收，並且引用布爾雷在一八四七年提出的「價值鏈」（value chain）論點，聲稱表演權可以讓商業活動賺取的利潤合理分配給創作者，因為在商業活動中，客人確實聆聽並享受創作者的音樂作品。

布爾雷和作曲家同行組成的聯合組織集中管理版權，不僅讓支付報酬給創作者的市場能夠順利運作，還能讓市場蓬勃發展。現今的國際作家與作曲家協會聯盟（the International Confederation of Societies of Authors and Composers，CISAC）是代表全球版權聯合組織的傘狀組織，在一二一個國家中共擁有二三二個成員協會，聯盟成員包含橫跨所有區域四百萬名創作者，涵蓋領域包含音樂、視聽、戲劇、文學和視覺藝術。

在「昂貴的糖水」故事中，布爾雷真正成功的關鍵是創造「一站式商店」概括性的授權。這是個值得借鏡的經驗，讓我們得以借助破壞性創新轉型，無論是充分利用整條萊茵河，或是演奏最不知名的作曲家的歌曲，這些故事都能引導我們解決零碎的所有權和僵局風險相關的多對多問題。

概括授權鞏固了聯合組織，如果沒有概括授權，僵局問題將造成市場分崩離析。要找到全球四百萬作曲家各別協商根本不切實際，或者應該說辦不到，但如果沒有取得所有作曲家歌曲的授權，就可能產生責任風險，讓交易無法進行。取得所有歌曲當中九九・九%的授權並不夠，概括授權的價值在於完整涵蓋百分之百的歌曲，去除風險並提高便利性。

概括授權的組成結構，和布爾雷常聽到自己的歌曲在咖啡音樂會中現場表演類似：一群服務生在外場服務客人，另一群廚師則在廚房料理餐點。表面上看，這兩種職業完全不同，廚師在廚房中需要大聲嚷嚷，服務生則需要在安靜的外場服務每一桌客人。參與聯合組織的版權所有人就像是廚房裡的廚師，私下爭論每個人在固定收益中可以分到多少；概括授權則像是服務生，提供版權使用者方便的付費方式。實際在概括授權之下，是一個極其零碎的市場。

聯合組織提供便捷的交易方式，讓版權使用者不必費心尋找每一位版權所有人，也為他們帶來極高價值。概括授權的購買人願意付更多的錢購買方便，方便有時比版權本身更具價值，因為它給予聯合組織足夠的彈性，讓所有成員（廚房裡的廚師）滿意，並且解決格魯喬．馬克思困境——即聯合組織中最有價值的成員加入的誘因最小、離開的誘因最大。

布爾雷的行動所啟發的聯合組織模型並非沒有缺點。正如同生活中的所有事物，看得越仔細就會發現越多缺陷；為了共同利益加入聯合組織所產生的缺陷中，實現成員間收入公平分配是最普遍且存在最久的缺陷。布爾雷成立的 SACEM 為組織成員的作品提供國內保護，自從一九九四年，法國政府依法要求，每個電台所播放的法語音樂必須達到一定額度，外語音樂則必須降到一定額度之下。從法國的觀點，這或許是一種公平分配，但從他國音樂家的觀點來看，那就不公平了。

定義「公平」，或者更準確的說，定義「公平分配」是一個長久以來都無法解決的問題。最早有關公平分配的討論可以追溯到一九四〇年，斯坦豪斯（Hugo Steinhaus）和兩位波蘭數學家朋友在蘇格蘭的咖啡館見面，他們在研究雙人分蛋糕的最佳解法。如果一個人切、另一個人選，這方法本身就具有平衡機制，因為對切蛋糕的人而言最有利的作法就是盡可能公平的切分，如果切出來的蛋糕一大一小，切蛋糕的人可能會拿到比較小塊。控制蛋糕刀的先行者優勢，巧妙的被能夠選擇蛋糕的後行動者抵銷，這稱為「分配者／選擇者方法」（Divider/Chooser method）。

斯坦豪斯和朋友進一步討論，如果在切蛋糕的難題中加入第三人，並且沒有偏好（preference，表示三人中至少兩人想要同一塊蛋糕）和忌妒（envy，確保所有人都滿意自己拿到的蛋糕）問題。斯坦豪斯的理論讓「公平分配」這個備受重視但卻又可能遭到忽略的經濟學領域，如今依然列入大學課程中。[3]

這個蘇格蘭咖啡廳的情境，延伸出在混亂市場中，公平分配涉及的三個廣泛問題：

誰控制了分配？

誰控制了資料？

誰決定價值如何分配？

市場要「公平」，則必須平衡這三種角色。如果其中一方同時扮演多個角色，或者可以讓其他人難以有效行使角色權力，就會讓市場朝有利於自己的方向傾斜，對其他人造成不公平。這也就是為什麼公平分配理論難以離開學術長廊，並且在現實生活中實際應用。有一個大家不願面對的真相是，無論你如何努力想要「公平」分配，最後的分配往往會受有權力的人操控。

我某天凌晨喝醉酒回到家，倒在電視機前的時候，突然了解到公平分配如何被人操控。我並不鼓勵喝醉酒，但我很慶幸經濟學和酒精兩種互補品，有時確實能帶來收穫。

二〇〇六年的夏天，英國酷熱難耐，英國主要的商業電視頻道獨立電視網（ＩＴＶ）偶然發現一些智慧財產權的利用手段，一種不用依賴廣告時間就能賺錢的方法。ＩＴＶ推出一個名叫《鑄幣廠》（*The Mint*）的益智節目，播出時間是週一至週四的午夜到凌晨四點。節目模式十分簡單：兩位美麗動人且充滿活力的主持人向觀眾提出簡單但仍需動腦的問題，然後主持人會邀請觀眾打電話進來回答。許多晚上看節目的觀眾早已酩酊大醉。數千名睡眼惺忪的觀眾撥打付費電話參加《鑄幣廠》遊戲，所有觀眾都對贏得大獎的機率毫無概念。

就如同節目名稱所暗示，這種極具爭議的節目形式確實有利可圖。ＩＴＶ與電信公司協商，從觀眾所付的電話費用中分一杯羹，座機電話可以分到七十五便士，舊型手機則可以分到更多。商業電視台通常要在消費者注意力和廣告之間取得平衡：如果過於重視吸引消費者的注意力，廣告收入太少將無法支付節目支出；但如果廣告太多，消費者就會不願意觀看節目。

《鑄幣廠》打破這條既定公式，節目的每一分鐘都藉由觀眾打進來的付費電話賺錢。二〇〇六年上半年，《鑄幣廠》這類節目為ＩＴＶ的益智節目頻道 ITV Play 賺進約三千萬英鎊。因為這類節目的利潤極高，甚至占了電視業者利潤的十分之一。事實上，因為節目從觀眾身上賺到的利潤如此之高，甚至不用在節目當中插入任何廣告。

然而，像這樣利用市場漏洞的行為終究無法長久，《鑄幣廠》在備受爭議中戛然而止。通訊監管機構在收到數百件觀眾抱怨後，決定將《鑄幣廠》重新分類為付費電話廣告，但因為超出ITV的執照範圍，ITV只能結束節目。之後的官方調查又進一步擴大，英國博彩委員會（Gambling Commission）討論備受爭議的益智節目形式是否該視為一種樂透，也就代表五分之一的利潤必須捐獻給慈善機構。在這場爭議中，ITV為其全新的商業模式辯護，聲稱節目的目標並非鼓勵觀眾花費巨額電話費，而是由許多觀眾花一小筆錢來參與節目、賺取利潤，並非其被指控的鼓勵賭博成癮行為。

ITV的管理團隊為這部賺錢的節目辯護，他們指出，撥電話到節目中的觀眾，有八六％的觀眾一週撥打次數少於十次。那些處於統計範圍頂端、一週撥打達十次的觀眾，不僅很可能沒有贏得任何獎勵，一年所花費的電話費甚至高達BBC電視執照費用的三倍。

《鑄幣廠》的節目爭議不只出在電話費上，節目中音樂所有人的收益也值得討論。即使是睡眼惺忪需要用火柴棒撐起眼皮的觀眾，依然很難忽略節目中不斷循環播放的音樂。即使你在等待接通昂貴的電話時昏睡在沙發上，節目的背景音樂依然伴你入眠。這些音樂並非優美的作品，而是經典益智節目的配樂，都是濫竽充數、非一時之選。《鑄幣廠》和類似節目《益智狂熱》(*Quizmania*)整集都充斥著這類音樂。

ＩＴＶ付費給音樂版權徵收協會ＰＲＳ，購買在所有頻道上所有音樂的概括授權。ＰＲＳ會根據歌曲播放時間的長短，公平分配收入給歌曲創作者和歌曲所有人，所有音樂都按照相同標準，不會將播放時段和收聽人數納入考量。既然聯合組織公平的分配收入，那麼所有成員理應也要公平競爭。

然而，事實並非如此。《鑄幣廠》節目中濫竽充數的音樂，基本上就是在背景中持續播放「四小節循環音樂」，中間沒有插入任何的廣告時間。電視台一週共播出一六八小時的節目，其中有二十五小時都在播放四小節循環音樂，也就代表音樂的創作者在ＰＲＳ公平分配的條件下，將收到ＩＴＶ為所有節目支付費用的一五％。更糟糕的是（或者更棒的是，其實你是其中一位幸運作曲家），ＩＴＶ電視台每天另外二十小時的節目並非都有播放音樂，因此《鑄幣廠》占狹義音樂播放時數的有效比例，更從一五％上升到超過五分之一。

在作曲家雜誌《Four-Four》上，維耶（Dobs Vye）發表過一篇名為〈「鑄幣」的執照？〉（A License to "Mint" Money?）的爆炸性文章，當中提到，ＩＴＶ支付給ＰＲＳ約一千四百萬英鎊購買概括授權，代表《鑄幣廠》和《益智狂熱》節目中不斷播放的音樂，可以拿走約三百萬英鎊的收益。理髮師音樂公司（Barbershop Music）、獲獎作曲家、同時也是ＰＲＳ前董事會成員的史密斯（Chris Smith）進一步指出，寫出這段「四小節循環音樂」的幸運作曲家從ＰＲＳ賺取的收入，可超過波諾（Bono）、艾爾頓強（Elton John）和保羅麥卡尼（Paul McCartney）。由於公平分配規則，使得英國少數幾位最富有的ＰＲＳ作曲家，不但沒沒無聞，而且幾乎沒有什麼清醒的人聽過他們的作品。

廣播監管機構因為《鑄幣廠》違反各種規定，正打算開始打擊節目的同時，ＰＲＳ聯合組織的成員則在探討，少數幾位作曲家歌曲既平淡無奇，也不是給什麼重要觀眾收聽，為什麼卻能像得獎般拖走大把大把的鈔票。大家懷疑聯合組織的少數成員為了自身利益，刻意操弄原本設計來公平分配收入給所有成員的系統。其他創作高品質音樂且觸及更多不同聽眾的作曲家，收入相對《鑄幣廠》音樂的作曲家根本微不足道。這些優秀作品播放時間不夠長，就只能分到很少的錢。

最後的解決方十分簡單，ＰＲＳ聯合組織決定改變分配政策，且不再將所有音樂一概而論。ＰＲＳ在黃金時段採用不同的版稅費率，避免《鑄幣廠》節目利用凌晨時段播放音樂賺取暴利。如果沒有這項政策調整，成員的不滿將導致整個聯合組織分崩離析，電視業者也無法取得概括授權，再也無法拿到百分百的完整授權。如果沒有概括授權，又重新回到多對多僵局，ＩＴＶ必須個別和每位作曲家協調授權，這樣的模式無可避免將導致所有音樂無法被充分利用。

就在你以為這個公平分配的故事已經被解決之時，問題又再次出現。資料顯示，ＩＴＶ總共付給ＰＲＳ一千四百萬英鎊的概括授權費用，其中估計約有三百萬英鎊都付給一位幸運的作曲家。究竟是哪位幸運兒拿到這筆錢呢？在《Four-Four》雜誌的文章中，作曲家維耶指出，這段音樂的作曲家很可能就是ＩＴＶ自己，也就是說ＩＴＶ利用《鑄幣廠》鑄造金錢，回收概括授權中一大部分支付的款項。

仔細想想，並不是偏好（誰為了什麼目的創作了什麼歌曲）或忌妒（得知其他作曲家分到更多錢）的公平分配概念，促使維耶站出來說話。而是因為「節目製作組兼音樂出版商，設計一種夜間播出音樂的形式，每天從頻道的版稅中抽走好幾個小時的費用，這樣的商業模式顯然是在濫用概括授權，特別是該單位又與特定頻道勾結時更加嚴重」。

雖然在監管單位施加壓力、迫使《鑄幣廠》關閉節目前，《鑄幣廠》只播出約一年的時間，但這則案例顯示出聯合組織的金流模式，無可避免的要面對適得其反的效果，導致系統遭到操弄。原本設計用來公平分配收益的系統，卻變成某些單位利用的工具。維耶認為公平分配的前提是：控制分配、控制資料和決定價值分配的三方勢力間須取得平衡。然而，ＩＴＶ卻發現它們握有打破平衡的權力。ＩＴＶ雖然是處於聯合組織外的版權使用者，但藉由巧妙的操作版權費用分配，成功滲透內部並且讓「公平分配」的天秤向它們傾斜。

這就是當時的情形。現在的音樂串流，聽眾購買的是吃到飽的版權音樂同捆包，雖然每位聽眾收聽音樂的時間長短不一，但所付費用都相同，因此出現了如何公平有效的將金錢交到版權所有人手上的挑戰。美國樂團 Vulfpeck 的成員史特拉頓（Jack Stratton），二〇一八年在 Spotify 直接上市引發炒作和狂熱時指出：「如果全食超市（Whole Foods）推出每月十美元的食物訂閱方式，一定也會讓消費者瘋狂訂閱……每個人都在押注一種詭異的消費模式……整件事情實在太過荒唐。」

Vulfpeck 對於這項爭議可說是再熟悉也不過。事實上，他們在二〇一四年早期的作法（現在看來真是罪大惡極），恐怖的與二〇〇六年《鑄幣廠》的作法如出一轍，同樣也在凌晨時段利用公平分配的規則。二〇一四年三月，Vulfpeck 發行專輯《睡覺》（*Sleepify*），其中有十首無聲歌曲長度隨機在三十一秒和三十二秒之間，正好符合歌曲超過三十秒才能獲得版稅的規定。

這是一張整整五分鐘的無聲專輯，樂團拜託粉絲們在睡覺時重複串流播放。樂團目標是賺取足夠的版稅以便能夠巡迴演出，他們承諾將以免費演出的形式回饋歌迷。根據史特拉頓於二〇一四年四月提供給《告示牌》雜誌的版稅報表，樂團從 Spotify 賺取的收入達一萬八千六百三十八美元。如果 Spotify 沒有在四月下架這張專輯，收入金額將會更高。Vulfpeck 的故事帶來的關鍵教訓和《鑄幣廠》故事相同：需分配固定收益的集體解決方案，非常容易遭參與成員濫用。

Vulfpeck 鑽漏洞的計畫告訴我們，採用同捆吃到飽訂閱方案，產生需要公平分配的固定受益時會面臨一些困境。如果未來的經濟活動模式中，我們都以共同利益為重，透過聯合組織販售便利，某些組織成員則以自身利益為重，想辦法獲得最大報酬。聯合組織中有限的利益只能在成員間移轉，其中一位成員不當獲利，將會造成其他遵守規則成員的損失。某些時候你可以相信所有人，但只有少數人可以讓你永遠信任，聯合組織中成員操弄系統的誘因永遠都無法排除。

*

二〇〇七年，獨立音樂協會（Association of Independent Music）前主席兼執行長溫漢姆（Alison Wenham）曾在布魯塞爾舉辦的 CISAC 會議講台上說：「聯合授權可以看做帶有共產主義色彩的資本主義；不然，就是帶有資本主義色彩的共產主義。」她的想法可能惹惱了許多聽眾，然而確實是一項深刻的觀察結果。為了聯合組織的共同利益採取行動，而非僅考量個人利益，往往會帶來良好的回報。

組成聯合組織可能會讓人想起（帶有資本主義色彩的）共產主義，但很顯然這樣的組織可以長久經營下去。相反的，為概括授權的便利收取附加費用是一種資本主義，但也只有在聯合組織帶來共產主義色彩時才能實現。我相信許多正在面對泰山經濟學衝擊的個人、公司和機構，在重新平衡資本主義和共產主義後，將會找到最適合的位置。

重新回顧一下先前提到報紙產業的困境，想看看共產主義的色彩如何能補足傳統報紙模式的弱點。大家都十分清楚，某些記者能創造更高價值，因此如果按照文章數量付費，取得新聞時就可能導致僵局，陷入格魯喬・馬克思主義。大家也很清楚，新聞就像音樂一樣，每個人（感覺上）都希望能免費獲得新聞，如同你在咖啡店點飲料時，並不知道自己付錢購買了音樂表演。事實上無論你有沒有付錢購買音樂，都不會讓音樂更美妙，聯合組織早已私下跟店家算好帳了。

如果人人都想要免費新聞，但記者卻需要花錢聘用，我們重新審視聯合組織的解決方案就可能找到一條出路，幫助報社逃離過去十年不斷陷入的流沙。如果左派的《衛報》（*The Guardian*）和《紐約時報》，以及右派的《每日電訊報》（*The Daily Telegraph*）和《華爾街日報》（*The Wall Street Journal*）能夠組成聯合組織，就能從「共利」中受益，包含開發共享的廣告平台，發展聯合授權和共同分配它們的新聞產值。

聯合組織對於現在已經付費購買新聞的少數人來說可能毫無影響，但對大多數未付費購買新聞的人來說，感受就會十分深刻。流失的讀者——也就是以前願意付錢買報紙，但現在不願付錢買網路付費新聞的讀者——可能十分樂意支付一筆費用購買所有新聞網的閱讀權。報紙產業因此面臨困境：報紙產業以現有的已實現價值去評估新聞的產出價值，但如果開發其他形式的新聞方式，流失的讀者可能會帶來更高的潛在價值。「運動員」（The Athletic）這個美國網站，就集合了全球各大報頂尖的體育新聞記者，將聯合組織的概念付諸實行，它們組成連格魯喬・馬克思都想加入的俱樂部。運動員網站採用積極的折扣策略，現在每月訂閱費用僅需一英鎊（約新台幣四十元），僅僅只是一份《週日泰晤士報》（*The Sunday Times*）售價的三分之一。它們同時積極挖角頂尖記者，創造自己的網路效應。挖角越多記者，就能吸引越多受眾，獲得更強的定價能力。

這就是 Spotify 當時能夠成功的祕訣。事實上，根本沒有任何聽眾知道或在意歌手或歌曲簽約給環球音樂（Universal）或索尼（Sony），那麼讀者為什麼要在意記者為哪家新聞組織撰寫文章呢？消費者在意的是能夠自由選擇想要探索的音樂或新聞，選擇自己喜愛的特定記者的文章、主題或編輯風格。報社老闆可能會覺得加入聯合組織十分荒謬，消費者還是可以選擇閱讀 Google 新聞。你可能已經注意到，前面討論到大約一九九九年 Napster 出現時，也出現過相同狀況。

聯合組織帶來的好處滲透到許多面臨破壞性創新的產業中。大學可以放棄名校招牌，結合專業知識共同發展專業學科，將進步置於名聲之上；購物中心可以組成聯合組織，提供線上購物、現場取貨，減少消費摩擦，來對抗亞馬遜；地方政府可以組成聯合組織，跨區統一資源回收政策，而不是各自為政，有時還會出現彼此矛盾的政策。

每當看到企業或組織無法應對破壞性創新時，你就必須反思，是不是這些企業或組織的組成方式，讓它們緊抓舊藤蔓不放。然而，組成聯合組織可能意味著形成壟斷，忽視聯合組織產生的反托拉斯問題並不明智，這並非能輕易解決的問題。聯合組織可能是個不錯的想法，但壟斷不是，因為壟斷會控制供給並哄抬價格——至少全世界的學校現在都還是這樣告訴學生。壟斷是我們下一個要解決的問題，我們要跳脫框架思考現在的壟斷公司擴大產出並且消除價格競爭的運作方式，然後去反思壟斷是否仍是個壞主意。

章節附註

1 伊凡斯（Benedict Evans），〈新聞總覽：七十五年的美國廣告史〉（News by the ton: 75 years of US advertising），「伊凡斯」（*Benedict Evans*）網站，二〇二〇年六月。

2 韋瑞安，〈經濟情境：如果存在新經濟，為什麼沒有新經濟學？〉（Economic Scene; If there was a new economy, why wasn't there a new economics?），《紐約時報》（*New York Times*），二〇〇一年一月。

3 公平分配在電腦科學領域得到新的發展。新創網站 Spliddit 並沒有教我們如何公平分配，而是讓我們能在網站上解決每天常見的分配問題，例如室友間如何平分房租。

第六章

轉個方向思考

十一歲時，我在蘇格蘭的海灘上，第一次對經濟學產生好奇。哥哥湯瑪斯很早就對經濟學有興趣，某天我無意間聽到身為數學教授的父親，正在向哥哥解釋一些基本概念。我不想要輸給哥哥，想要追上他。

那年夏天我和父親待在偏僻的蘇格蘭海邊小鎮六個星期，我有很多時間請教父親來追上哥哥的進度。有一天在海邊，我鼓起勇氣問父親：「什麼是經濟學？」

很顯然假期期間父親不想再當老師，他說：「下次再告訴你吧，現在我們好好享受這片海灘。」蘇格蘭通常只有兩個季節：冬季和六月，這天是蘇格蘭難得出現燦爛陽光的日子。

但我仍不放棄：「爸，你都有教湯瑪斯經濟學，我也想學！」

父親嘆了口氣。冰冷的北海足以將皮膚凍得像蘇格蘭旗幟一樣藍。父親指著北海中嬉戲的家庭說：「假如你是英國首相，幕僚告訴你去年許多小孩在海中游泳時不幸溺死。你現在的挑戰是要站在唐寧街十號*的階梯上，告訴傷心的家長、憤怒的政客和充滿敵意的媒體，你要如何避免溺死悲劇再次發生。」

這並非我所期待的經濟學課程。從來沒有人要求過十一歲的我，想出一套面對國家慘劇的官方回應。我憑直覺回答：「爸，為什麼不將游泳列為必修課呢？如果要避免任何小孩溺死，我們就要確保他們都會游泳對吧？」

「你說的是政治上的作法，政治就是讓生氣的民眾覺得你有在做事。但如果應用經濟學的話，就要花時間了解和分析真正發生的事實。」我略帶傲慢的反駁父親，因為小孩溺死而生氣合情合理，況且學會游泳可以保住他們的性命！

父親非常有耐心的問我：「那些不幸死亡的小孩出意外時人在哪裡？」「當然是在海中啊。」「不會游泳的人正常情況下會到海裡玩嗎？」「當然不會。」「所以那些溺死的小孩通常是哪些人呢？」「嗯，我想他們一定是會游泳的人……」

突然間我搞清楚了。父親暫時沉默，看著因為剛剛的討論而一臉茫然的我。然後他說：「所以，如果採用你提出的，將游泳列為必修課的政策，到海中游泳的小孩人數會增加還是減少呢？」

就像那些在海中的小孩一樣，我突然覺得自己快被溺死了：「爸，會有更多小孩去海中游泳。」父親繼續補齊問題最後的邏輯推理：「如果游泳的小孩中有一定的比例會溺死，那麼更多小孩到海中游泳就會增加溺死的小孩人數。」

我問父親：「如果你是首相，你會怎麼做？」

他看著大海回答：「讓會游泳的小孩獲得更多資訊就能避免不幸，像是告訴他們哪些海灘較為安全，或者什麼時候去海中游泳很危險。」

我問他具體政策要怎麼做。

「海灘上可以簡單使用紅黃綠的旗幟系統，警告小孩和家長何時水域非常危險，不能下海游泳。」

我的第一堂經濟學課程討論方式雖然十分詭異，但探討的卻是經典的供需問題。如果將游泳變成必修課程，就會供給更多小孩在英國沿海游泳。

我不論是教導高中生還是執行長經濟學，都還是會問大家父親當年問我的這個問題。讓人驚訝的是，不論年齡高低和社會歷練深淺，「將游泳列為必修課」都是最常聽到的答案。扮演面對悲傷家長的總理角色，會激起人們情緒性的直覺反應，就和十一歲的我所做出的反應一模一樣。這就是為什麼父親要使用如此刺激情緒且令人震驚的情境，來教導我經濟學課程，為的就是告訴我做出決定時所處的情境，和決定本身一樣重要。

＊譯注：唐寧街十號為英國首相官邸。

父親不僅讓我開始認識經濟學，還讓我了解經濟學背後的驅動力，包含政治、情緒、個人誘因，這些層面都很難甚至不可能簡化為數據放到公式。但這並不代表經濟學遙不可及，所有關鍵要素都和誘因有關，誘因就是經濟學和真實世界的連結之處。

試著提案讓事情變好，但是隨後了解實際上會讓事情變得更糟，這給了我一記當頭棒喝，但也讓我就此迷上經濟學。在這個「聳動標題」的時代，人們往往採行本能反應，缺乏必要的耐心利用理論思考情境，並且找出正確的症狀和治療方法。幾年後我又學到類似教訓，這次不是如何有效避免小孩溺水，而是如何減少飛機在戰爭時遭擊落。

戰時著名的統計學家沃德（Abraham Wald）發現，飛機從任務中返航後，技師會針對飛機上的彈孔位置加強保護。沃德轉個方向思考，認為這並不是正確的解決辦法，因為雖然這些飛機遭敵機擊中，卻仍然成功返航。讓飛機無法成功返航的彈孔，才是真正重要的彈孔。空軍需要注意的不是正面的訊號，而是負面的訊號；不是看得到的資訊，而是看不到的資訊。如同父親教導我的道理，不要聚焦在不會游泳的人身上，而是要關心會游泳但沒有注意到風險的人；沃德告訴我們的則是，不要聚焦在飛回來的飛機，要聚焦在無法成功返航的飛機。

如果世上的問題依靠單純理性思考就能解決，也就是找到正確資料並套用到正確公式中，那我們早就解決所有問題了。但我們現在仍受社會、經濟和政治等問題困擾，仍然找不到單純的理性解決方案。這是因為真實世界中，許多問題都找不到理論架構或既定方法處理，我們需要的是「調整思考方向」（pivotal thinking）。

調整思考方向指的是跨越或繞過明顯的思考方式。例如，將游泳列為必修課或修補飛回來的飛機，並且找到方法深入了解需要做出諸多決策的真實世界。如果你能從迷宮外面繞過，為什麼要思考如何穿越迷宮呢？

理性思考的缺陷是可能會把事情搞砸。父親對游泳課程的見解和沃德對飛機彈孔的想法，只是兩個簡單的例子。因為根深蒂固的「理性」思考，造成決策偏頗的例子比比皆是，無論公部門或私部門的偏頗決策都層出不窮。

相比之下，轉向思考就是要意識到「與好主意相反的作法，也可能是個好主意」，這是傳奇廣告人物羅里（Rory Sutherland）的名言，也是本書將討論的兩個「羅里主義」（Roryisms）中的第一個。我先說明一下什麼是「羅里主義」，羅里主義來自於英國奧美（Ogilvy UK）的副董事長，《人性鍊金術：不合理想法的驚人力量》（*Alchemy: The Surprising Power of Ideas That Don't Make Sense*）一書作者。第一個羅里主義告訴我們，試圖解決問題時，並不應受制於一套既有個規定或假設。我們可以繞過迷宮外側，從所在的出發點直接走到想去的終點。

一起來看看三個相關的例子。第一個例子是到餐廳吃飯。用餐體驗的關鍵因素就是菜

轉個方向思考

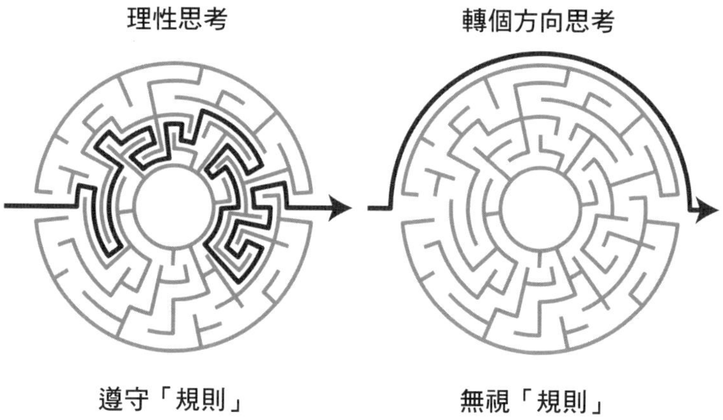

資料來源：作者及羅里

單，這是消費者決定點什麼菜的主要資訊來源。

理性經濟學思考會認為，我們評估一道餐點的價格高低，唯一影響因素就是菜單上的數字。一般消費者更願意購買低價商品。因此鮭魚的定價越高，期望賣出的鮭魚就越少。

但轉個方向的思考告訴我們，還有更多因素需要考慮。除了數字，另外一個影響因素是數字旁的貨幣符號，例如是美元還是英鎊。研究顯示，看到貨幣符號會讓人想起花錢的心痛感覺。將「鮭魚：£22」改為「鮭魚：22」就能多賣出約八%的鮭魚餐點。[1]增加的銷售收入可能不多，但如果餐廳沒有最大化其營收，就等於少賺到錢。

接下來要討論的是捐款經濟學，看看在人們為慈善公益掏腰包時，理性思考會帶來什麼反效果。一九九〇年時，英國政府推出捐贈援助計畫（Gift Aid），幫助英國公民捐款給慈善機構。如果英國納稅人在捐款時登記了慈善機構，則慈善機構每一英鎊的捐款可以向稅務局申請額外二十五便士。舉例來說，如果你捐款二十英鎊，慈善機構可以向稅務局額外申請五英鎊，相當於你捐了二十五英鎊。這項政策並非毫無爭議，而且慈善機構本身就已經享有許多減稅優惠。但理性思考會認為這項政策沒有問題，理論上人們在政府會根據捐款金額額外提供相應比例捐款的情況下，應該會捐更高的金額。

但事實並非如此。某些情況下，強調捐贈援助計畫帶來的好處，反而會讓人更不願意捐款。為什麼呢？因為對許多捐款者來說，捐款給慈善機構是一種社會行為。捐款可以用來表達信念，或者表現關懷。捐贈援助計畫突然讓人覺得捐款像是金融交易，讓部分捐款者不願捐款。「二〇一八至二〇一九年奧美行為科學年會」（Ogilvy Behavioural Science Annual 2018–2019）的報告發現，慈善機構使用印有捐贈援助計畫的信封做為募款策略，反而會大幅降低捐款率和總捐款金額。「免費」增加二五％的捐款，反而搞砸捐款者和捐款的關係。

在這個情況下，轉個方向思考代表意識到捐贈的複雜社會因素和經濟動機，而非只是將捐款金額提到最高。人們願意捐款的最初動機，是因為他們關心情感和社會利益，而非只是冰冷冷的財務開支。我們甚至可以進一步提出，捐贈援助計畫奪走了政府的稅收收入，這些稅收本來可以用在其他協助解決社會問題的計畫上。理性思考並不會考量上述捐贈援助計畫策略的其他層面，但轉個方向思考會將所有因素納入考量。

第三個例子要回到海灘上，見證美國數學家霍特林（Harold Hotelling）的開創性理論。如果你曾經疑惑為什麼所有的廣播節目都差不多，或是所有暢銷書籍主題都十分類似，霍特林的海灘將告訴你答案。

霍特林研究商人在線性市場上會如何選擇生意地點。例如，冰淇淋攤販如何在海灘上選擇擺攤的位置。霍特林假設如果每位商人都提供類似商品，消費者則會和離自己最近的商人購買，因為這是最有效率的選擇。假設將海灘分成左右兩半，並將攤位分別設在兩半的中央，而且做日光浴和游泳的遊客平均分布，如此一來每位小販會取得海灘上一半的冰淇淋市場。

但霍特林告訴大家上述安排並不穩定。如果小販A將攤位移動靠近小販B，就能取得小販B部分的銷售區域，因此自利會驅使小販A靠近小販B。事實上，霍特林發現對小販A最有利的位置就是「正好相鄰」小販B，這樣他可以取得三分之二的冰淇淋市場；同樣的，小販B也有誘因移動靠近小販A。模型顯示，經過一番爭奪優勢位置後，最終兩位小

海灘上的冰淇淋攤位

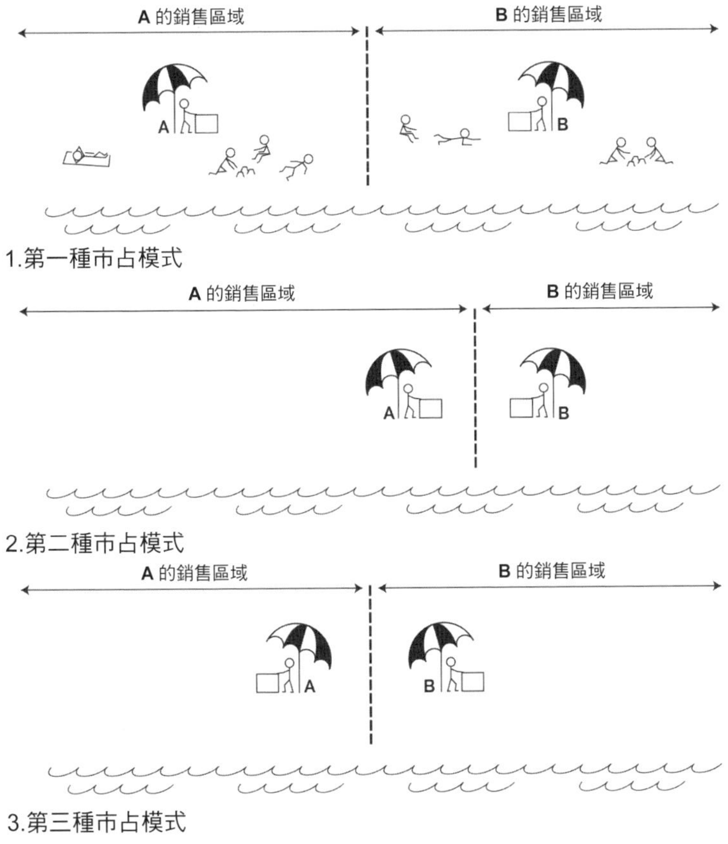

資料來源：作者整理霍特林的〈競爭中的穩定狀態〉

販都會將攤位設在海灘正中間的位置。但這樣做兩位小販和先前一樣分別取得一半的市場，不同的是在海灘邊緣游泳、曬日光浴和衝浪的旅客，需走一大段路才能買到冰淇淋。這個結果不甚理想，而且旅客走回原本的位置後，冰淇淋早就融化了。

如果你曾好奇，為什麼無論是最新音樂趨勢、股市中最熱門的一塊，或是政治趨勢的共識決策，都朝相同的方向靠攏——霍特林的海灘就能給你一些啟發。

但請記得：與好主意相反的作法，也可能是個好主意。海灘上的冰淇淋小販可能發現新機會，然後轉個方向思考，並且在海灘的邊緣擺攤。在金融方面，大多數的投資人更傾向位於海灘中央的指數型基金，但特立獨行的基金經理人則能藉由投資邊緣標的脫穎而出。政治方面，似乎社會越朝中間立場靠攏，持邊緣觀點的人越可能尋求民粹主義的替代方案。如果海灘的狀況改變了，冰淇淋小販也要隨著變通；海灘確實有機會改變，這時就要應用泰山經濟學了。

舉例來說，我發現英國的實體店面有一個奇怪趨勢：同樣一群消費者除了喜歡在廉價、新進的德國超市奧樂齊超市（Aldi）消費，也喜歡在高檔、成熟的英國零售商馬莎百貨（Marks & Spencer）消費。那麼，究竟是哪些超市不受消費者青睞呢？答案是那些中階定位的超市，中階超市特易購（Tesco）就難以和上述兩家超市競爭。便宜實惠的商品和奢華的商品同樣能讓你興奮，但中階商品卻無法讓你得到快感。

接下來看看航空業。COVID-19 疫情爆發前，易捷航空（EasyJet）這類廉價航空市占率極高，但新加坡航空（Singapore Airlines）這類高檔航空也並未甘拜下風，所以像是英國航空（British Airways，現在是世界上最受歡迎的航空公司第十九名）這類的中階航空是航空業的輸家。

再來談談居家用品。你可以在亞馬遜買到約二十英鎊（約新台幣七百五十元）的吸塵器。同時，電器公司戴森（Dyson）在吸塵器市場投下震撼彈，推出一款吸塵量高於所有吸塵器的商品，同時價格也傲視群雄。如果你想要一款像吸塵器一樣平凡、卻能讓你興奮的商品，那麼價格高達百元英鎊的吸塵器正是你的首選。

討論完冰淇淋、航空公司和吸塵器，我們再回到音樂上。先前提過串流音樂以每月九．九九英鎊的訂閱費用開始蓬勃發展，這個價格從二〇〇二年以來從未調整。當時唱片公司的主管要求最早的串流公司 Rhapsody 應比照百視達的租借費用，使得存取全球音樂的費用逐年下降。但同時你也看到二十英鎊（約新台幣百五〇元）的黑膠唱片，在唱片產業宣布死亡後的三十年又持續復甦了十年。二〇〇二年美國唱片業協會（ＲＩＡＡ）的營收統計資料顯示，黑膠唱片銷售帶來的營收超越錄音帶、ＣＤ和數位專輯這三種接替黑膠唱片「所有權」形式的商品。

接下來是轉個方向思考的重點。顧問公司 MusicWatch 指出，約有半數購買黑膠唱片的消費者，同時也會訂閱串流音樂。消費者每月消費十英鎊購買實惠商品的興奮感，同時再以每張二十英鎊的價格購買奢華商品帶來的興奮感，卻不願意付費購買ＣＤ和下載音樂這類中階商品。理性思考絕對料想不到這種狀況，但是轉個方向思考卻可以協助解釋這種現象。

人們同時購買低階和高階商品的行為並非到現代才出現。早在約兩百六十年前，蘇格蘭人亞當・斯密（Adam Smith）的《道德情操論第四部分》（*The Theory of Moral Sentiments Part IV*）就已經提出類似的觀察。

「一只每天慢兩分鐘的手錶，會被喜愛手錶的人拋棄。他可能會以幾基尼（Guinea，大英帝國及聯合王國貨幣）的價格拋售，再用五十基尼買進另一只兩個星期慢不到一分鐘的手錶。手錶唯一的功能就是告訴我們現在幾點，避免我們搞不清楚時間而放人家鴿子，或是因我們對時間的無知而遭受任何不便。但是對這只機器著迷的人，並不一定比其他人更嚴格守時，或是更急切的想知道準確時間。讓他感興趣的並不是可以得知準確的時間，而是可以獲得完美得知準確時間的機器。」[2]

現在我們都能在智慧型手機上得到確準時間，但精品手錶依然會在高檔雜誌上刊登雙面全版彩頁廣告。這也許對閱讀《經濟學人》雜誌的那些「理性」讀者來說，是最諷刺的一件事。但這樣的作法確實奏效。儘管智慧型手機越來越普及，瑞士錶的出口需求在二〇一九年達到二一七億瑞士法郎（約新台幣六千五百億元），比起去年成長二．四%，金額為千禧年時的兩倍。理性思考認為市場會向中間靠攏，但亞當斯密十分清楚為什麼人們會選擇邊緣商品。你也同樣可以做到。

轉個方向思考的基礎思維是去抓住「可能發生的事」。看見看不到的地方，並衡量測不到的事物。像是父親教導我，有可能溺水的都是會游泳的小孩，並非不會游泳的小孩；沃德則告訴我們，看不見的彈孔比看得見的更重要。

我最早是從康拉德（Joseph Conrad）的經典短篇小說中了解這個道理。《颱風》（*Typhoon*）的故事講述一名輪船船長穿越可怕暴風雨的故事。麥克沃伊爾船長廣為人知的就是他「剛好有足夠想像力帶領他撐過每一天——就只是『剛好』而已。而且他不相信有任何暴風雨可以和他的強大輪船匹敵」。

氣壓計顯示前方有大麻煩時，麥克沃伊爾船長泰然自若，不願更換航線繞路。他的決定總歸來說就是無法計算看不見的狀況，以及模擬「可能發生的事」：

「如果因為天氣延誤了時間，那很好。航海日誌上就可以直接寫下天氣狀況。但如果我偏離航線晚了兩天才到，他們就會問我：『船長，你這幾天跑去哪了？』我要怎麼回答呢？我說：『我繞路躲開壞天氣了。』他們會說：『天氣一定糟透了吧。』我只好回答：『我不知道，我已經躲掉了。』尤克斯，你說這樣能解釋清楚嗎？我整天下午都在想這件事。」

如果麥克沃伊爾船長選擇躲開暴風雨，他就沒辦法證明遲到是因為嚴重的颱風所造成。航海日誌上無法記錄天氣狀況，就像是沃德故事中墜落的飛機不會將彈孔帶回來一樣。麥克沃伊爾船長沒有能力計算機會成本，也就是影響我們生活「可能發生的事」。康拉德的《颱風》很早就教我一堂人生課程：看不到的事物往往是最需要測量的事物，但這些事物往往測量得最少。

接下來我們要討論一些比金錢或慈善機構更重大的問題，並且探索如何轉換我們的思考方式，才能更貼近現代世界的運作原則。

民主社會總會出現一些離群值，某些政黨討厭向中間靠攏，選擇站在邊緣。某些政黨參選並不是為了勝選，而是為了教育目的，甚至娛樂選民。一九六三年到一九九七年間，英國民主選戰之夜最常見的電視畫面，就是一名政府官員在候選人面前宣布選區的選舉結果。畫面上除了衣著莊重的主要政黨候選人外，還會有一名身穿色彩鮮豔的長外套、配戴超大玫瑰花結、頭戴高頂禮帽的候選人。他叫做「嚎叫的上帝薩奇」（Screaming Lord Sutch），代表「官方妖怪狂歡發瘋黨」（Official Monster Raving Loony Party）參與選戰。

薩奇（David Edward Sutch）是一位領先時代的藝人，他在一九六〇年代以休克搖滾（shock-rock）樂手的身分出道。薩奇打扮成開膛手傑克的樣子，從黑色棺材中出現，站上舞台，呈現出驚悚舞台效果的表演，比庫珀（Alice Cooper）成名的時間還要早。儘管薩奇的表演十分誇張，他依然是一位值得尊敬的音樂家。白線條樂團（White Stripes）甚至翻唱過薩奇的一首歌曲，可能是致敬薩奇曾經和貝克（Jeff Beck）和佩奇（Jimmy Page）一起合作表演過，兩人都是啟發白線條主唱懷特（Jack White）的重要導師。嚎叫的上帝薩奇在一九六〇年代初期初入政界，成立官方妖怪狂歡發瘋黨之前，他也曾代表許多年輕政黨參選過。第一次代表官方妖怪狂歡發瘋黨參選時，薩奇僅獲得九十七票。

一九九〇年，薩奇的政治影響力來到高峰，當時他以一·二%的票數擊敗社會民主黨（Social Democratic Party），足以讓社會民主黨羞恥的解散。上帝薩奇成功連續在近四十場選戰中落敗，功績足以寫進英國政治史。全英國上下的候選人對薩奇參選早就見怪不怪，他很享受帶給人們歡笑，因為這代表人們有注意到他說話。

上帝薩奇的某些選戰宣言，有時還真的會成為法律。一九六〇年代，薩奇發起將投票年齡由二十一歲降到十八歲的運動，最終十八歲公民在一九六九年獲得投票權。薩奇為了終結ＢＢＣ獨占英國廣播電台的現象，在泰晤士河的一座軍事堡壘中開設自己的「薩奇電台」（Radio Sutch）。政府隨後在一九七二年發出了第一張商業廣播電台執照。一九八〇年代，官方妖怪狂歡發瘋黨發起酒吧全天候營業的運動，最終也在一九九五年實現。

但薩奇除了成功推動一些著名政策外，也有一些以失敗告終的提案。薩奇曾經提案將因為歐洲執行委員會（European Commission）慷慨的農業補貼造成乳製品過剩堆積的「奶油山」，改建成一座滑雪場，最終未獲採納。薩奇也主張發行不小心掉到水坑也不會沉下去的全新二十英鎊紙鈔，他聲稱這可以讓二十英鎊紙鈔變成一種「浮動貨幣」。

即使是失敗的提案，也有轉個方向思考的特徵。一九九六年，薩奇提案，交通督導員*應該負責收集和處理狗大便——像在和汽車駕駛或選民握手一樣。一方面，行人都樂見人行道變得更乾淨；另一方面，駕駛也會敬佩交通督導員回饋社會，因此會更遵守停車規定。更重要的是，這並不會造成交通督導員太多額外負擔，因為他們本來就要在街上巡邏開罰單。在薩奇瘋狂的想法下，交通督導員不再是路上發生衝突的原因，反倒能帶來便利。

也正是嚎叫的上帝薩奇主動提問：「為什麼只有一間壟斷委員會（Monopolies

Commission）**？」他啟發我們跳脫框架思考的重要想法。薩奇認為，國家應該要有兩個競爭法的主管機關。他提出質疑，為什麼促進市場競爭的責任，竟然是交給一家沒有競爭者的獨占機構。

目前針對大型科技公司壟斷的爭議不斷，可見薩奇當時說得很有道理。Google、臉書、微軟、亞馬遜和蘋果等科技公司，從工作到娛樂在在主導我們的生活。新聞頭條充斥著針對科技公司無限擴大權力的質疑，政治圈也聽得到許多因為大型科技公司壟斷、而想拆分公司的聲音，但是這樣的聲音並未進一步提供科技公司壟斷的弊大於利的證據。這樣的言論像是一種本能反應，認為壟斷就會帶來壞處，不需要其他更進一步的理由。

壟斷的概念影響許多經濟學的教學和實踐。諷刺的是，雖然商界每家公司都想要成為贏家通吃的壟斷公司，念經濟學的學生普遍學到的是：壟斷會帶來不良影響，需要拆分壟斷的公司。這造就一個困境：如果投資創造和征服市場的碩果，在五年後就會被奪走，誰還會願意投資呢？

這是我一直無法理解的矛盾。嚎叫的上帝薩奇提出需要兩個競爭法的主管機關，凸顯

* 編按：traffic wardens，是一種負責管理交通的公務員，起源於英國，在愛爾蘭及香港亦設有此職位。

** 編按：意即英國的「競爭委員會」（Competition Commission），後來英國決定合併競爭委員會與公平交易局（Office of Fair Trading, OFT），成立「競爭及市場管理局」（Competition and Markets Authority, CMA）。

出要打破的不是壟斷的現象，而是對壟斷的思考框架。

若要了解其中原因，要先想想獨占的監管機構，如何影響我們每天的生活。首先是我們必須要支付的帳單，例如水電費。在大多數以私有化做為經濟政策的西方國家中，電費、瓦斯費和水費都是付給私人營利公司，並且由競爭法的主管機關監管，確保消費者沒有獲得良好服務時，能夠輕鬆更換供應公司。

水電瓦斯的獨占事業監管機構，如果發現更多（而非更少）消費者行使私有化賦予他們的權利——也就是更換供應的公司——則會認為市場正在發揮競爭的作用。遵循這項指標可能是好主意，但相反的想法也完全正確。越多消費者更換供應公司，可能是服務品質正在下滑的負面訊號。如果考慮這樣的情況，越少消費者行使更換供應公司的權利，反而代表各個家庭都很滿意市場的服務水準，這可能才是競爭奏效的訊號。

然而，如果仔細研究，經濟學往往沒那麼簡單。我們還需考慮消費者更換供應公司的成本，包含時間、心力和金錢，這些都會因為消費者與水電瓦斯供應公司簽訂的合約而有所不同。因為某些原因而想要更換供應公司的消費者，可能會因為更換成本或麻煩無法真正執行。此外，消費者可能根據不完全資訊決定更換供應公司。有些比價網站可以協助解決這個問題，但往往無法捕捉到問題背後的細節。例如，房屋保險這類市場可能會出現消費者樂見的降價競爭，但同時也可能使得相應的保險保障減少，這是消費者所不樂見的。

如果上帝薩奇還在世，他一定會提出，這些例子凸顯競爭法主管機關維持獨占的風險，因為單一機關通常很難認為，與它們的好主意相反的作法也可能是個好主意。

我們必須重新思考當代的壟斷者如何運作，是否需要監管；如果需要，又該如何監管？

重新回到亞當・斯密的理論，他提到壟斷需透過三步驟來形成：⑴擁有強大市場定位的公司設立障礙，阻止其他競爭者加入產業；⑵有限競爭賦予壟斷者選擇市場中商品數量的權力；⑶同時也賦予決定價格的權力。某方面看來，從一七〇〇年代晚期到現在，亞當・斯密提出的論點依然適用。任何理性的企業都會嘗試設立障礙，鞏固控制市場和供給數量的力量，藉此能夠制定價格來賺取利潤。教科書中常舉例的惡質壟斷者是一家房地產開發商，它們會在房市危機時，因為害怕興建太多房屋會失去對房地產市場的控制，因而不願興建更多房屋。

壟斷問題在於，當時並非如此單純，現在更是無法直接下定論，況且現在這樣的公司競爭的是帶給消費者便利，不完全像教科書所教的帶給消費者不便。

在數位時代來臨前，也就是一九九〇年代之前，大家都認為壟斷會對社會帶來不利影響。推論如下：如果僅有一家公司提供服務，因為沒有競爭者推動創新或價格競爭，消費者將處於不利位置。反托拉斯（anti-trust）計畫就是要竭盡全力阻止壟斷發生。例如，美國司法部（United States Department of Justice）就曾在一九七四年，對幾乎掌控全美通訊技術的AT&T提起訴訟。該訴訟導致幾年後貝爾系統（Bell System）被拆分，就類似英國電信集團（British Telecom）被拆分，因此興起一波通訊市場的競爭，引發新一輪的創新浪潮，並且讓消費者能用更便宜的價格購買服務。

過去，電信獨占企業遭拆分的過程，讓我們可以了解現今科技獨占企業崛起的方式。傳統權力會在網路的中央形成，並由少數人掌控；現在權力則可能集中在邊緣，並由許多人共享。

從中央單一獨占企業轉移到邊緣的多家獨占企業，這種轉換的起源可以追溯到一九六八年美國極具代表性的卡特風（Carterfone）案例。卡特風讓使用無線電的人，可以和使用家用電話的人互相通話，這個既簡單又具吸引力的發明，推翻了過去大家總認為，電信公司的網路不能連接到電話以外的其他設備，不然就是和架設該網路的電信公司形成競爭的觀念。有一件代表性的裁決判決卡特風勝訴，任何合法裝置只要不對電信網路造成損害，都可以連線到電信公司建構的網絡上。卡特風的勝訴對數據機來說十分重要，數據機可以連線到電信網絡上，進而讓我們與網際網路連線。如果沒有數據機，就不會有網際網路。

一九六〇年代晚期，卡特風可能只是一部可以放在汽車方向盤下的無線電電話，只要不造成電信網路損害就具有可使用電信網路的權利，它是一項變革、解放和授權，是眾多削弱電信獨占企業真正成功的第一例。因為封建地主不斷壓榨，卡特風選擇翻過城牆。一九八二年卡特風的創辦人卡特（Thomas Carter）接受《紐約時報》訪問時回應：「我們給了它們狠狠一擊，並且讓它們十分難看。」[3]卡特風的成功改變了一切。

一九六八年，卡特風拿起開瓶器撬開了電信產業，導致貝爾系統在十六年後、也就是一九八四年一月一日被拆分。最終，權力由電信網路的中心分散到邊緣，使得科技工具普及給大眾。卡特風可能只比數據機早了兩年出現，但法院的判決為數據機的成長和發展開闢了道路，消費者只需要電腦和電話線，就能存取資料服務，不需要透過電信公司轉換網路，也不需要通知或拜訪電信公司。

在拆分貝爾系統十年後，創造「泰山經濟學」一詞的技術專家葛里芬曾經回想他第一次放開對電信公司舊藤蔓的依賴，伸手握向位於電信網路邊緣的創新新藤蔓：

「一九九四年六月，我們格芬唱片的工作團隊在線上發布第一首完整的廣告歌曲——史密斯飛船（Aerosmith）的〈奮不顧身〉（Head First）。我們之所以能成功，就是因為電信網路以卡特風為中心自我組織起來。民眾購買伺服器，連接到電話線上，然後加入提供免費收聽史密斯飛船歌曲的美國線上（America Online）和 CompuServe 等網路服務。如果無法自由將裝置連線到電信網路上，上述故事就不會發生，也不可能發生。」

Arete Research 的創辦人克拉瑪（Richard Kramer）指出，卡特風帶來的改變超出了技術本身，也影響到技術的部署地點：「先前的相關技術都由電信公司所掌控，卡特風出現之後，總算能釋出這些被電信公司壟斷的技術。」卡特風暴露出電信公司盔甲上的裂口，讓其他公司有機會在電信網路的邊緣競爭。ＩＢＭ曾經是一家集中式網路的私人公司，因此被普遍認為是位於中央的壟斷型公司，但ＩＢＭ隨後便失去主導權，輸給了位於邊緣的矽谷。

我們重新回到本章重點：我們的思考方式取決於接受的教育，但我們需要教育自己用不同的方式思考。如果學校教我們傳統壟斷是個壞主意，但舉出的理由早已不再帶來關鍵影響，當我們面對現今「眾多」壟斷的科技公司，彼此競爭著要帶給消費者前所未見的便利時，就需要使用不同的方式思考。我們要問：這真的不是個好主意嗎？要求所有壟斷者都必須拆分，無異於我在海灘時直覺告訴父親的答案，或者分析測量彈孔的統計學家。看似我們已經解決了問題，但這樣的應對方式其實根本沒有了解到問題根源——無法挑脫框架思考。

壟斷的科技公司在網路邊緣不斷激增，造成許多問題，如果嚎叫的上帝薩奇還在世，就能夠完善解決這些問題。政客高喊：「我們需要拆分所有壟斷的科技公司。」但諷刺的是，政客口中的「壟斷者」竟然有好幾家。就算是薩奇在等待宣布另一次補選失敗的結果，正在為選舉舞台增添色彩時，同時也在思考並詢問自己：「還需要出現幾家大型科技公司，我們才會認為競爭足夠呢？」

若要了解這些位於網路邊緣、所謂壟斷的科技公司，與過去占據中央、唯一一家壟斷的電信公司動機有何不同，我們需要跳脫傳統經濟學的思考方式，我們需要跳脫他們獲利就是消費者損失的想法，轉而認為競爭的動機是要讓消費者便利，獲利是由壟斷者和消費者共享。

若要討論上述概念，首先要了解教科書中的剩餘（surplus）概念。消費者剩餘（consumer surplus）指的是消費者願付價格與實際價格之間的差異。生產者剩餘（producer surplus）則相反，指的是生產者實際銷售價格和心中最低願售價格之間的差異。加總生產者剩餘和消費者剩餘，就代表生產和交易過程所有參與者的總利益。

為了提供具體數字說明，接下來我將使用大家現在已經十分熟悉的 Spotify 訂閱服務為例，並利用簡單、假設的整數來說明要點：

・假設 Spotify 服務一名訂閱者的總成本為八英鎊。
・Spotify 的訂閱價格為十英鎊。
・總共有十位消費者考慮訂閱 Spotify，其中有五位認為服務價值為十三英鎊或以上，另外五位認為服務價值在十到十二英鎊之間。

上述所有需求曲線要表達的都已經畫在接下來的圖表中，以便我們追蹤價格變化時的狀況：

在這個例子中，Spotify 需要做出決策：

- 訂閱價格為十英鎊時，因為十位消費者都認為服務價值超過定價，所以都會訂閱。這代表 Spotify 在每位訂閱者身上可以得到兩英鎊的剩餘（價格十英鎊減掉成本八英鎊），總計二十英鎊。
- 如果 Spotify 提高價格到十三英鎊，十位消費者中就只有五位會訂閱，但 Spotify 在每位訂閱者身上可以得到五英鎊的剩餘（價格十三英鎊減掉成本八英鎊），總計二十五英鎊。

Spotify 的決策看起來很簡單：如果將價格從十英鎊提高到十三英鎊，總計生產者剩餘可以提高五英鎊。漲價後，有五位消費者不再訂閱服務，另外五位雖然有訂閱，但是支付價格接近他們願付的最高價格：生產者的獲利就是消費者的損失。更重要的是，由於C＋

SPOTIFY訂閱服務的消費者和生產者剩餘

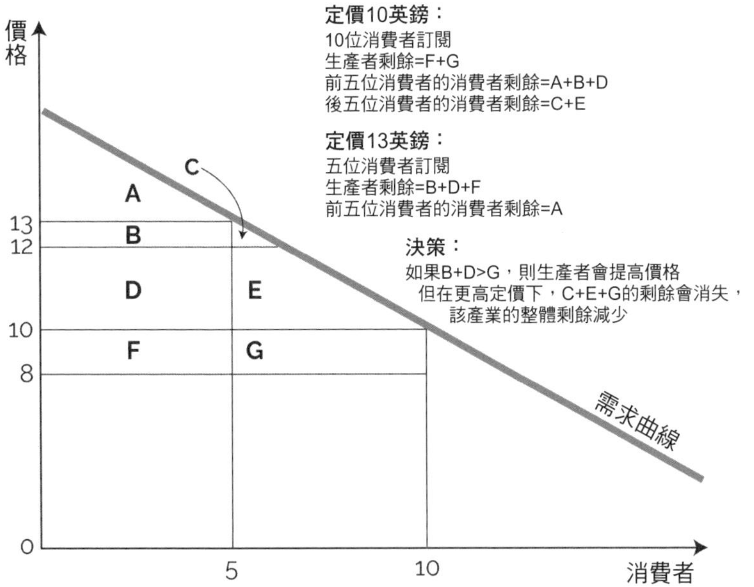
價格
消費者
需求曲線
0
8
10
12
13
5
10
A
B
C
D
E
F
G
定價10英鎊：
10位消費者訂閱
生產者剩餘=F+G
前五位消費者的消費者剩餘=A+B+D
後五位消費者的消費者剩餘=C+E
定價13英鎊：
五位消費者訂閱
生產者剩餘=B+D+F
前五位消費者的消費者剩餘=A
決策：
如果B+D>G，則生產者會提高價格
但在更高定價下，C+E+G的剩餘會消失，
該產業的整體剩餘減少

資料來源：作者

E＋G這部分的剩餘消失了，因此整體剩餘減少且消費者損失大於生產者。

在上述傳統教科書「抵換」（trade-off）的例子中，交易的其中一方獲利就是另一方的損失，而且在這個例子中，整體社會的損失大於獲利。這樣的概念可以用接下來的簡單圖表呈現，圖中可以看到傳統壟斷下剩餘的轉移如何發生。傳統壟斷者如同亞當斯密所描述，會藉由設立障礙阻止競爭者加入、提高價格和限制產量等手段，試圖將剩餘由消費者轉移到生產者。我再重複一次，生產者的獲利就是消費者的損失，消費者可能需要付更多錢或放棄使用生產者的商品或服務，監管機構的任務就是將部分剩餘重新轉回消費者。

然而，傳統的壟斷模型已經過時。我們和傳統經濟學家的假設不同是，數位平台不存在邊際成本（marginal cost）問題，服務一〇一位消費者和服務一百位消費者的成本完全相同。而且數位平台和過去多數產業不同的是能產生網路效應，也就是能產生良性循環，越多消費者使用平台，就能讓平台更好用且更方便。

若要了解為什麼我們要跟隨薩奇瘋狂的想法，去問為什麼只有一間公平交易委員會，我們可以「翻轉」這張簡單的圖表，重新繪製成右邊這張圖表，就能呈現創新數位平台所面臨的狀況：不在乎邊際成本等過時概念，更在乎的是越多人參與能讓平台越方便的網路效應。

網路效應掩蓋了一切，新的競爭目標是方便。越多消費者使用平台，就能讓所有消費

消費者／生產者剩餘

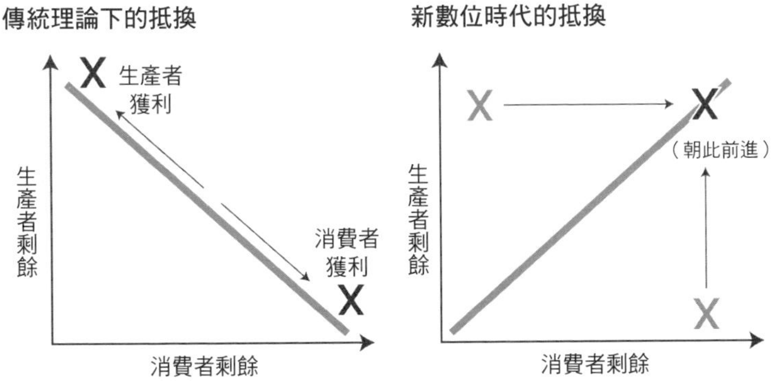

資料來源：作者

者獲得更多剩餘；平台觸及範圍越廣，就能讓生產者剩餘不斷增加。就像是越多人開電動車，充電站就會越普及，進而降低購買電動車的門檻，讓更多人願意開電動車。傳統經濟學的論點現在已經被翻轉，生產者和消費者的剩餘能夠同時提高。生產者的獲利就是消費者的損失已經不再成立，我們已經脫離零和遊戲，市場中的生產者和消費者都能同時從壟斷中獲利。

數位平台的演進，顯示出將壟斷定位為控制供給量並最大化價格的「壞主意」，並不能這樣一概而論。這些創新數位平台同時為生產者和消費者創造便利，因此常常稱作「雙邊市場」（two-sided market）。先前提過的例子中，Spotify 超越以往連結更多的歌手和聽眾，Spotify 成長得越大，歌手和聽眾人數也會同時增加。臉書促成許多先前不存在的社團，越多社團會帶動更多子社團出現。全球規模的 YouTube 實現更多跨文化的交流，超越以往的國內的壟斷者，而且 YouTube 成長的規模越大，越能連結更多文化。這些壟斷者都在利用網路效應和零邊際成本媒合買家和賣家，如果沒有這些條件，一切就不可能發生。最後，壟斷者的作法和得到的結果感覺是個「好主意」。

大衛・伊凡斯（David Evans）和施馬倫西（Richard Schmalensee）兩位媒介平台領域的經濟學家，在他們的著作《媒介者：多邊平台的新經濟》（*Matchmakers: The New Economics of Multisided Platforms*）中提到媒介平台的議題。兩人對於新平台的開創性研究已經超過十年，他們告訴我們一個大家不願面對的真相：經濟學家和經濟學理論其實十分難堪，因為他們根本還沒跟上數位現實世界所帶來的便利。根據傳統教科書的內容，生產者設定的商品定價應該要等於邊際成本，定價超過邊際成本會吸引競爭者加入，低於邊際成本則無利可圖。降低一方價格會促使另一方願意付更高的價格，因此可以提高整體利益。善於觀察的人可能已經注意到這個現象，像是夜店常常會讓女性免費入場，因為這可以讓男性願意付更多錢入場。

大部分人使用過 Adobe 開啟 PDF 檔案，因為 Adobe 讓我們「免費」下載 Adobe Reader。但是，如果你想用 Adobe 建立檔案和取得所有功能，每年就需支付近兩百英鎊

（約新台幣七千五百元）。創作者需要付費，但閱讀者不需要付費。

其實原本並非如此。Adobe 過去會同時向使用軟體的創作者和閱讀者收費。但當 Adobe 改變訂價策略，提供免費使用的 Adobe Reader 後，因為創作者在「消費者」端獲得龐大的使用者基礎，良性循環的網路效應進一步增加創作者端的需求。Adobe 失去販賣 Adobe Acrobat 給只想要閱讀ＰＤＦ的消費者所賺取的收入（下方左圖中深灰色部分），但是願意購買軟體來建立ＰＤＦ的創作者增加了，賺取的收入遠遠彌補了損失（下方右圖中淺灰色的部分）。只要右圖淺灰色部

ADOBE針對閱讀者和創作者採用不同的訂價策略

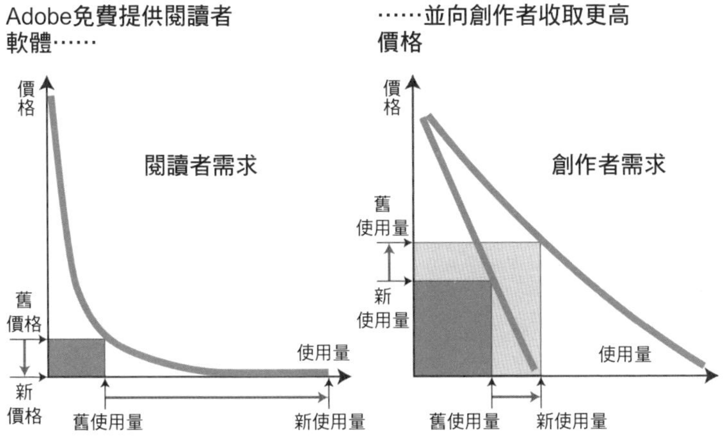

資料來源：作者

分的獲利大於左圖深灰色部分的損失，差別取價（price discrimination）就能讓平台獲得更大的利益。

Adobe 這項訂價策略的成功，凸顯出兩項定義數位平台經濟最重要的關鍵：零邊際成本和網路效應。傳統價格（消費者支付的費用）和邊際成本（額外製造一份商品的成本）的關係已經不復存在。借助零邊際成本來利用網路效應，也就是越多消費者就會帶來越多生產者（反之亦然），使企業創造「飛輪效應」（flywheel effect），讓它們能成長到類似獨占企業的規模。但這些全新的壟斷者和舊有的壟斷者截然不同，其實公司規模成長到如此之大，其目的往往是為了進一步降低定價。這樣造成了經濟學家和律師的意見分歧，他們發現爭論點在於，雖然這樣的壟斷者理論上可能會造成問題，但是消費者體驗的提升卻證明實際上並非如此。

飛輪效應完全改變一般的商業邏輯。飛輪效應發現，採用者越多越能讓平台更方便。我們通常認為行為惡劣的壟斷者規模越大，越容易剝削消費者。但具有飛輪效應的公司往往採相反作法，這些公司規模越大，越能提供消費者更多便利。擁有飛輪動能的企業會自我成長，隨著規模擴張變得越來越強大，就像是飛輪會越轉越快一樣。飛輪效應成了矽谷式破壞性創新的特徵，但我們通常無法在經濟學教科書中，找到飛輪效應的運作動能。飛輪效應是存在商業模式內部的一種動能，一旦某種商業模式啟動了，停下來比繼續前進更加困難。大家可以想像一下在轉輪上的老鼠，想停下來比繼續向前跑還要困難。

亞馬遜可能是所有飛輪公司中最有名的一家。亞馬遜提供消費者更多商品選擇，更多選擇加上五種力量，促使亞馬遜持續成長。這五種力量就是：更好的客戶體驗、更高的客流量、更多的買家，以及隨之而來的成本下降和更低價格。類似的動能在其他數位市場產業中也普遍存在，例如：Airbnb 和 Uber。飛輪效應在過去數十年創造出數十億美元的財富。

雖然飛輪效應的想法確實在數位產業中較為盛行，但它並非新概念。華特・迪士尼（Walt Disney）在建造迪士尼樂園時，就已經對媒體相互關聯性有十分深刻的理解。華特迪士尼預見了涵蓋音樂、電視、商品銷售和主題樂園的數位媒體帝國，每一種媒體都會為其他媒體帶來更多客流量和品牌知名度。華特・迪士尼很可能建構出有史以來最強大的媒體產業。

目前，我們都假設壟斷的科技公司是理性行動者，但如果在此處應用轉個方向思考，就應該停下來質疑所有假設。思考一下，使用者除了付費購買亞馬遜的商品外，也提供亞馬遜大量的個人資料，這是個理性的決定嗎？使用者有得到充分資訊，了解我們的個資將提供給亞馬遜，甚至我們能夠把提供個資給亞馬遜稱作是一個「決定」嗎？即便使用者得到充分資訊，但是為了線上購物方便，還是選擇提供個資給亞馬遜，這也能認定為理性行為嗎？

雖然我們十分擔心個資被當作商品交易，但是分享資料確實能帶來許多便利。或許使用個資可能是一種濫用，但另一邊會反駁這種「濫用」方式，能夠帶給消費者其他方法所無法帶來的好處。這是另一個我們需要薩奇所說——兩個競爭法的主管機關——的瘋狂想法的原因。

目前的爭議難以在平台的「雙邊」間找到平衡。平台會服務消費者和生產者雙邊市場的個人或組織，服務好壞決定平台存亡。譬如，大家可以思考一下，我們有這麼多的會議工具可以選擇，包含 Zoom、Microsoft Teams、Skype 和 BlueJeans，這些公司規模之所以能夠擴大，就是因為它們擁有獨占平台。

這些公司的營運有個極為重要的核心：為了帶給消費者更多便利而競爭，意味著它們通常會自我調整。回想一下，二〇二〇年 COVID-19 爆發的封城初期，每天都有開不完的視訊會議，或許你還記得用 Google 日曆設定 Zoom 會議通話有多麼方便。只要簡單整理邀請名單，在下拉式清單中選擇最佳會議空間，Google 就會幫你產生內含所有想要邀請與會人員的邀請函。而且大家很可能沒有注意到，利用 Google 日曆使用 Zoom，甚至比使用 Google 自家產品的 Google Meet 還要簡單。

大家可以想想看，為什麼 Google 要給自己找麻煩，讓競爭對手的產品比自家產品還要突出？答案就是 Google 日曆的產品經理，很可能想要改善 Google 日曆，而非協助推動另一項可能會讓 Google 日曆品質變差的 Google 視訊會議產品。知名科技評論員班尼迪克・伊凡斯（Benedict Evans）稱此為「策略稅」（strategy tax），也就是不推廣自家產品以便實現更高層次的企業策略。二〇一二年蘋果推出自家產品 Apple 地圖，但使用者的使用體驗不佳，讓蘋果不得不表面上認可 Google 地圖——當時它們就意識到了策略稅。消費者沒有時間等 Apple 地圖升級，急需要一張好用的地圖，蘋果又不想因為延遲提供服務而讓品牌形象受損，只好妥協開放使用 Google 地圖。

壟斷的科技公司盡可能十分小心不要支付策略稅。有時它們可能會自主選擇不支付策略稅，例如二〇一二年，臉書冒著分享相片和影片到社群網路服務的吸引力受損的風險，禁止「推特卡」（Twitter Card）*在 Instagram 上直接顯示圖片。但更常見的是，壟斷的科技公司通常會自願支付策略稅來競爭更方便的服務；例如，Google 日曆支援競爭者的會議應用程式、亞馬遜 Prime 在首頁推薦《毒梟》（*Narcos*）等 Netflix 原創影集、或者 Apple Watch 支援競爭者的音樂串流服務。上述的例子中，便利比競爭更來得重要。

＊編按：在轉推網頁文章時，推特可在含有該網頁連結的推文中，顯示關於文章內容較豐富的圖文資訊。

從反壟斷的概念來看，策略稅還處於起步階段，法律上也沒有完整定義。我本人是在布魯塞爾一場由歐洲執行委員會內部、負責「反壟斷」的競爭總署（Directorate General for Competition）主辦的會議中，第一次聽到策略稅這個主題。會議中有許多極具影響力的學者和政策制定者、以及埋頭嘗試計算 Google 搜尋引擎市占率的投影片。我注意到，討論中似乎沒有提及會場中每個人都放在口袋、而且散會後就會立即使用的東西——那就是手機 apps。

apps 使用各種不同方式，但同樣能達成搜尋目的。Google 的核心搜尋工作，可以由 Android 作業系統提供的 apps 來執行；最重要且急切的搜尋需求，例如查詢交通和天氣，會由相關 apps 如歐洲之星（Eurostar）或 BBC 等來完成，而非使用 Google 搜尋列。然而，布魯塞爾會議室中的眾多專家，整場研討會中卻沒人提到半次 apps，也沒有將 apps 納入搜尋市場規模的一部分。當我提及這項遺漏時，專家們都承認他們確實會使用 apps 搜尋下一班回家的歐洲之星班次，以及確認到家時的天氣。apps 商店正在逼死 Google。

策略稅改變了我們的想法，讓我們深入這些壟斷的科技公司，了解到新產品的創新過程和產品經理的目標，他們並非為了獲得更多收入，而是讓產品本身更具吸引力。如果這些平台阻擋使用者最想要的產品，就會破壞使用者體驗，無法滿足最基本的目標。換句話說，即使提供消費者便利會造成損失，這些公司也有誘因提供便利。

現在大家可以回頭想想，這類公司轉向的思考方式，目前有多少商學院納入課程，或是有多少競爭法監管機構利用這項策略呢？

＊

轉個方向思考可能讓你的脖子受傷，因為你會不斷回顧經濟學的傳統理論，和現在的經濟環境差距到底多大。現在壟斷的科技公司不再聚焦於過去提高價格和減少產量的框架，它們聚焦的重點是降低價格、最大化產量，以及去除市場摩擦。傳統上認為壟斷是個「壞主意」，但我們需要接受完全相反想法的挑戰：為了帶給消費者更多便利而競爭的獨占企業，也能為消費者帶來好處。

每當消費者行為和經濟學家的經濟模型預測不符時，經濟家往往會指責消費者不理性。但換個角度思考要我們放棄這種傲慢的想法，並且揭開理論和現實分歧的祕密。我們不應該再繼續使用那些過時且毫無意義的是非判斷框架。

＊

轉個方向思考包含「從實踐中學習」，我們必須提起勇氣表達自己的想法，並且實際影響結果，而非只是當一名旁觀者。我們要自信的舉起手，提出大家都不敢問的「蠢問題」。我父親在蘇格蘭海灘要我扮演首相，針對一項危機提出回應時，讓我學會了轉個方向思考。我想讓事情更好，但我學到了我的行動如何讓事情更糟。父親在不經意中教會我計算「可能發生的事」的機會成本。無論是沃德的彈孔、麥克沃伊爾船長的航海日誌，還是上帝薩奇的瘋狂想法，轉個方向思考告訴我們，重要的不只是詢問可能發生的事，還要詢問「可能遺漏的事」，因為測量看不見的事物，可能比看得見的事物隱含更多資訊。

接下來，我們要解決的問題是，許多這類壟斷的科技公司帶來的好處皆為免費提供。因為沒有發生金錢交易，國家難以測量這些公司對經濟的貢獻。以維基百科為例（Wikipedia），這項免費資源可能匯集全世界所有的知識，壟斷了百科全書市場，但卻沒有帶來任何環境危害，對經濟數字也沒有任何貢獻。我們再看看國防這類產業，不但沒有匯集全世界的知識，還嚴重危害環境，卻對經濟數字產生巨大貢獻。我們需要轉個方向來探討。

上述例子中還出現一個問題：「好主意應該是什麼樣子呢？」破壞環境帶來經濟成長，還是經濟衰退但環境保持原樣？我們真的會想藉由追蹤 COVID-19 後的汙染水準，與 COVID-19 前的峰值差距，來測量 COVID-19 後的經濟復甦嗎？如果不想的話，為什麼我們要使用和疫情前相同的「舊藤蔓」來測量經濟呢？接下來，我們要將這種合理懷疑的態度，應用在測量經濟狀況的方法上。我們要拿出信心，才能針對目前所處狀況做出更好的判斷。

章節附註

1 楊（Sybil S. Yang）等人，〈$或美元：菜單價格格式對餐廳收入的影響〉（$ or Dollars: Effects of Menu-price Formats on Restaurant Checks），餐旅研究中心出版品（Center for Hospitality Research Publications），二〇〇九年五月。

2 亞當・斯密，《道德情操論第四部分：效用對贊同情緒的影響》（*The Theory of Moral Sentiments: Part IV: Of the Effect of Utility upon the Sentiment of Approbation*），一七五九年。

3 波拉克（Andrew Pollack），〈擊敗 AT&T 的男人〉（The Man Who Beat AT&T），《紐約時報》特稿，一九八二年七月。

第七章

評斷所處現狀

這個時代的標誌性特徵，就是頭腦裡的創意比頭上的屋頂更有價值。對美國經濟來說，投資智慧財產（創意產業）比投資住宅區房產更有價值（請見以下圖表）。二十年前的情況卻完全相反，房產不只比智慧財產更有價值，而且還呈現上漲趨勢。隨後，房市崩跌，全球經濟也隨之衰退。在長達十年的震盪後，來到現在投資腦中創意持續勝過房產的新常態。然而，令人擔憂的是，我們衡量創意貢獻的能力依然十分有限。

泰山經濟學需要信心。人們必須放開舊藤蔓，並抓住新藤蔓。無論是一九九九年遭Napster用槍管抵住腦袋的音樂產業，或是各國政府在二〇〇九年勘查房貸市場的廢墟，都需要盪向新藤蔓才能解決問題。但是，若要有足夠信心掌握盪向新藤蔓的時機，首先需要徹底了解並極其肯定我們目前所處的狀況。我完全可以理解為什麼一個人不願冒險抓住新藤蔓，只緊抓舊藤蔓和多年來以固定方式處理的熟悉感。不過，也可能是用來評斷所處狀況的工具建立在傳統經濟學上，以至於讓我們猶豫該不該抓住新藤蔓，最後錯失良好時機。這些舊工具很可能會影響我們對於現狀的判斷。

投資頭腦裡的創意和頭上的屋頂

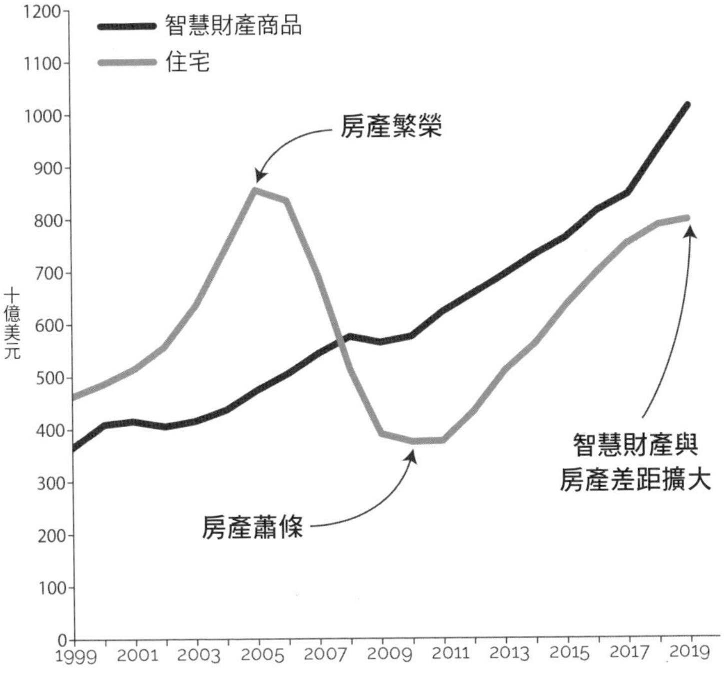

資料來源：www.bea.gov

一八四九年時蘇格蘭作家卡萊爾（Thomas Carlyle）創造「鬱悶科學」一詞，這可能源於馬爾薩斯（Thomas Robert Malthus）的經濟預測，他認為人口成長會導致社會資源的需求提高，並讓可用資源減少。這種悲觀前景持續影響我們和（更重要的）政府如何測量人們所處的狀況，產生更多悲觀想法而非樂觀想法，注重成本而非收益，而且更注重負面情境而非正面情境。經濟學家安德魯．麥克費（Andrew McAfee）在他的巨作《以少創多》（*More From Less*）中，針對這種悲觀主義提出深入挑戰。

悲觀主義比較容易吸引注意，是因為主流新聞一定會報導股市崩盤，但卻很少報導股市穩定成長；失業人口暴增一定會登上報紙頭版，但整體就業機會增加卻總是淹沒在商業版中；令人震驚的法院判決會吸引民眾注意，但每天成千上萬合理的法院判決卻幾乎不會有人提及。下面表格呈現我稱為「悲觀悖論」（pessimism paradox）的現象——想要在喧囂中脫穎而出並吸引群眾注意，就要在經濟不景氣時提出悲觀的言論。

悲觀悖論

	經濟景氣時	經濟不景氣時
經濟學家給出樂觀前景	**沒人在意**	**大家都恨死你**
經濟學家給出悲觀前景	**沒人在意**	**大家都愛死你**

資料來源：作者

這種悲觀主義，又會因為我們根據大家都相信的統計數據所做出判斷，更變本加厲。我們常聽到科技摧毀的工作大過創造的工作，之所以相信這樣的結論，就是因為有統計數據支持。若要善用破壞性創新轉型，就要了解這些統計數據也只是人為判斷的結果。我們要會判斷測量和捨棄的數據，並根據手頭上的工具決定如何測量，才不會在意任何統計工具都會有缺陷。例如，我們判斷就業統計數據的方法，可能適用於固定和有形的製造業活動，但卻不適合非固定和無形的科技產業活動。因此，科技可能摧毀部分容易測量到的工作，卻創造出更多難以測量到的工作。這些不完美的統計數據並不僅影響到政府，也影響我們所有人看透迷霧並掌握新藤蔓價值的能力。

重要的是我們須建立信心，去質疑這些判斷。一句古老且不幸帶有性別歧視的名言是這樣說的：「如果男人想要造成經濟衰退，就應該娶他的女僕。」為什麼呢？因為政府認為做家事對經濟沒有貢獻，但幫別人打掃則會計入經濟活動。你要有信心，不僅去質疑上述狀況的政治層面問題，還要質疑邏輯問題。想像街道上有十棟房子，每棟房子都住著一名住戶，而且每個人都在自己家中做相同分量的家事。經濟統計雷達無法偵測這些活動；但如果每位居民願意以相同酬勞幫鄰居做家事，每個人都依序支付相同金額的現金給鄰居，政府就會認為每個人都提供了商品或服務，因此GDP會增加。然而，實質上並沒有任何改變，只有政府認為情況發生了變化，而且影響重大。

為了探究我們現實中所處的狀況，需要先回到一開始觀察的有形房產買賣，看看我們居住的房子如何為經濟體帶來價值。一旦你意識到，即使房產在經濟當中算是最古老的部分，用以測量的統計數據也只是判斷下的結果，你會更有信心獨立判斷經濟狀況。

我在進入搖滾經濟學領域工作前，是一名政府的經濟學家。也就是在那時候，我第一次對政府統計數據產生合理的不信任。但這些疑雲並不是在權力走廊中開始聚集，而是在愛丁堡一家昏暗的俱樂部中。那時是二〇〇六年，英國房市正在蓬勃發展，而且絲毫沒有趨緩的跡象。除了少數讀過明斯基（Hyman Minsky）著作的人之外，幾乎沒什麼人聽過「信貸緊縮」。明斯基是一名美國經濟學家，他提出「穩定是極不穩定的」（stability is destabilising）一說，但不幸的，在他的想法獲得證實前十年他就過世了。

在昏暗的俱樂部中，樂團正在舞台上忙著布置樂器，俱樂部外和酒吧前都排了長長的隊伍。音樂會籌辦人將我拉到一旁，介紹給他一位來自里茲的朋友。這位朋友剛以一級榮譽學位的成績從里茲大學（Leeds University）法律系畢業。優秀的成績代表他不需要自己找工作，而是工作會自己找上門。

我說：「恭喜你拿到學位，你現在一定在城裡忙著工作，對吧？」他回答：「我很忙沒錯，但我並沒有在公司上班，我忙著買賣房產。」我很疑惑：「但你在工作，沒錯吧？我的意思是，你不是剛從優秀的大學畢業嗎？」他看起來一臉不屑，搖了搖頭說：「沒有耶，上班族的薪水我並不滿意。我直接從事房產買賣，買屋、整修，然後賣出了好幾棟房子。」

因為我白天就是在研究經濟統計數據，里茲大學高材生的說法引起了我的興趣。二〇〇六年夏天，這位理應十分理性的高材生寧可進入房產賭場，也不願意找一份全職工作。我很好奇，他說的好幾棟房子是多少棟：「如果不介意的話，方便請問你現在手上有多少棟房子嗎？」他舉起雙手比出一個數字，我數到六隻手指。

我大吃一驚：「六棟！」

雖然這並不是打探這位高材生私人財務狀況的合適時機，但我很想了解一位剛畢業可能還背負學貸的學生，如何獲得資金支撐他的投資組合。所以我問：「你從哪裡拿到錢買這麼多棟房子？」「這很簡單，只要提供自我證明就能借到這六棟房子的資金。銀行根本不需要我提供收入證明。」

我驚訝到下巴都掉下來，在心中計算一下剛才聽到的事。二〇〇六年，英國房市熱絡至極，學生甚至可以貸款購買自己的公寓，因為他們很清楚房產的資本收益會超過學費成本。買賣房產屢見不鮮，交易既快速又頻繁，大部分人甚至會不小心忘了如何申報房產買賣的相關稅款。我的小小家鄉蘇格蘭的「地方」銀行蘇格蘭皇家銀行（Royal Bank of Scotland），正在朝全球最大金融機構的方向邁進，最主要就是靠和那位里茲高材生一樣買賣房產，但是規模更大且風險更高。

十年後，我在改編自路易斯（Michael Lewis）原著的電影《大賣空》（*The Big Short*）中，看到相同的對話再次出現，這一幕讓我十分難忘。唯一的不同是，我和高材生的對話發生在蘇格蘭一家昏暗的俱樂部，《大賣空》的場景則是發生在佛羅里達州一家明亮的脫衣舞俱樂部。

卡爾（Steve Carell）飾演避險基金專家鮑恩（Mark Baum），在劇中他決定前往佛羅里達州，了解美國房產市場還有多久會崩盤。鮑恩因為工作需要——正如分析複雜金融工具時經常這麼做的——前往一家脫衣舞俱樂部的私人包廂。脫衣舞孃表演時，鮑恩對她的身材資產不感興趣，但比較想了解她的負債狀況。

鮑恩得知脫衣舞孃在申請房貸時說了謊，便向脫衣舞孃解釋在房貸優惠利率（teaser mortgage rate）到期後，她每月的償還金額將會增加兩倍。整段對話伴隨著吵雜的音樂，脫衣舞孃一邊繞柱子跳舞，一邊面露驚訝，然後詢問這會對她的「所有」貸款產生什麼影響。鮑恩和我一樣，注意到脫衣舞孃可能不只有一間房子，他問：「你說『所有』貸款是什麼意思？」脫衣舞孃一邊跳著舞一邊回答：「我有五間房子和一棟公寓。」

儘管我和鮑恩所處的環境不同，我們的表情反應卻完全相同。二〇〇六年所有人似乎都在房產市場中豪賭。在昏暗的愛丁堡俱樂部中，樂團開始表演，我想到一句惡名昭彰的名言，可以說明為什麼金融泡沫會出現：「只要音樂還在播放，就必須繼續跳舞。」

看完表演回家後，我集中精神衡量問題的大小。我想知道還有多少房產賭客，更重要的是，政府如何衡量這些賭博行為。在我所能舉出但絕非特例的上述例子中，這位剛畢業的高材生拿著實際上沒有抵押品的貸款，每月轉手交易房產，而且根本沒有注意到資本利得稅。房產交易時的平均資本利得，幾乎超過英國全職工作者的年收中位數——兩萬三千英鎊。我很好奇，我的雇主，也就是英國政府，如何測量高材生所賺取的收入。

從這時起我開始懷疑英國政府的統計數據。我邀請英國文職部門的一名統計學家一起喝杯咖啡，試著了解我對房市賭場尚未被統計的擔憂是否存在。我想知道，這些新的交易活動，政府是否打算進行測量；如果有的話，又要如何測量。統計學家於是向我介紹「設算租金」（Imputed rent）這個奇怪的想法。

設算租金是政府賦予自用住宅和免租房產價值的方法。藉由設算租金賦予房產價值，讓屋主自住的房屋等未產生收入的房產也可以納入ＧＤＰ中。如果沒有設算租金，經濟學家會認為ＧＤＰ指標存在缺陷，原因是忽略一大部分的房產市場。藉由設算租金，經濟學家在沒有發生任何實際交易的情況下，為美國和英國的經濟體各創造了約一〇%的價值。我很疑惑，為什麼需要用這種統計方法？將不存在的東西納入像ＧＤＰ這類測量指標完全是誤導，甚至是扭曲。

設算租金這類指標，正是其中一種會讓你更難判斷所處狀況的統計數據，它不能幫助你釐清現實狀況。二〇〇六年，英國房產市場在信貸緊縮前，有超過十年時間都在急速成長，而且官方統計機構似乎同時憑空捏造和妄加猜測這條成長曲線有多陡峭。首先，統計機構創造了不存在的付款金額——畢竟房東並不會支付租金給自己。第二，統計機構猜測了付款金額，並且加到ＧＤＰ中——我要再強調一次，房東並沒有付給自己任何款項。第三，統計機構的猜測是根據實際租金的調查結果，這種調查本身就很容易出錯。除了上述三點之外，還要加上最直接的第四點：大部分過度炒熱房市的買房、出租活動根本都沒有申報。

在我和統計學家朋友的咖啡時間即將結束時，我的內心十分糾結。一方面，我了解政府對房市的估值是根據虛構的統計數據；另一方面，我的工作需要相信這些虛構的統計數據，需要利用這些虛構的統計數據來計算GDP。現實生活中，這些房產賭場產生許多金錢流動，實際產生了經濟活動，但政府測量經濟的統計雷達，卻很少接收到這些房產交易活動。我們相信穩定且可靠的統計數據，但實際上這些統計數據越來越不穩定且不可靠。

那天我學到了，不要再被官方統計數據的歷史和傳統所震懾。我本來只是想在喝咖啡時問些簡單問題，卻意外發現了許多複雜問題。顯然，拿出信心並且利用對世界真正運轉方式的基本觀察來挑戰傳統，確實能得到收穫。在那段咖啡時間裡我了解到，我們所認為的英美經濟體，有十分之一都是捏造出來的。

我離開政府辦公室後，決定要好好了解這種測量實體經濟的問題有多氾濫，於是我在公車票背面寫下了三個字：房產、遺產和電子商務。我十分確信這三種收入的產生，對周遭人們的實際經濟生活來說越來越重要，也確信沒有任何一項被納入GDP中。

喝完咖啡後我才了解，房產價值絕大多數不過是統計猜測的結果。

同時，遺產也延續我對房產的擔憂。一直以來，許多英國人和美國人都擁有自己的房子，這些屋主過世後，就會把房子傳給年輕一代。統計數據告訴我們的可能很簡單：繼承價值五十萬英鎊房產的年輕一輩，會增加五十萬英鎊的財富。但年輕一輩經濟狀況的改變，可能會產生其他更複雜、統計數據無法描述的影響。年輕一輩可能因為不需要負擔租金或房貸，決定減少工作時間。即使繼承房子可以讓一個人生活大幅改善，但產出減少意味著整體經濟表現出現淨損失。

最後，是電子商務。我很好奇二〇〇六年仍處於起步階段的電子商務，是如何統計到GDP中。亞馬遜當時每股價格不到四十二美元（現在每股接近三千美元），但明顯已經從實體店面搶走不少營收。當時我白天的工作就是了解零售統計數據，以及產生零售統計數據的調查。一般來說，調查活動是依國內實體零售商回報數據給國家統計機構。我完全不清楚GDP如何納入全球線上零售商的收入，甚至這些收入算不算是英國國內收入。假設消費者在 Amazon 市集上購買家電用品，如果有人須回報政府的話，由誰負責回報，平台還是賣家？抑或兩者皆須回報？這筆交易又算在哪裡發生呢？買家還是賣家所在位置，抑或是平台登記納稅的地點？

我所受過的經濟訓練告訴我，生活中這三個部分屬於規則的例外，基本上描述經濟實力的統計數據肯定十分健全。但腦袋告訴我的完全相反：有很高比例的人現在靠房產賺取收入，還有從親人繼承財富後到線上消費——這些都是規則的一部分，並不是例外。消費者已經伸手抓向新藤蔓，但統計數據依然緊抓著舊藤蔓。懷疑統計數據的人並非只有我一位。不久之後，美國副總統錢尼（Dick Cheney）說過一句名言：「你不能相信零售統計數據，因為統計數據並沒有反映出 eBay 上的交易。」

英國經濟學家柯爾（Diane Coyle）在研究ＧＤＰ方面，可能比任何人都還要深入。她不僅揭開ＧＤＰ真正的含意，同時也倡導採用其他更有意義的統計數字。在柯爾精彩而簡明的書籍《ＧＤＰ的多情簡史》（*GDP: A Brief but Affectionate History*）中，她深入剖析ＧＤＰ——測量我們所處情勢且用來定錨的統計數字。

柯爾的懷疑實際上來自一九三四年。人們公認ＧＤＰ的創造者庫茲涅茨（Simon Kuznets）曾說：「國家的福利，很難從ＧＤＰ定義的國家收入測量方法中推斷出來。」根據庫茲涅茨的說法，ＧＤＰ測量的是國家產出，而非整體經濟的健全狀況。

柯爾針對政府統計數據的著作之所以帶來高度啟發，是因為她解釋這些統計數據實際如何產生。以通膨為例，媒體將通膨的整體測量當作真理來引用，即使通膨率略為改變，媒體報導的感覺都像是會對生活造成重大影響。但是，通膨統計數據是如何產生的呢？通膨是根據選定的一籃子「具代表性」商品價格的變化來計算。但經濟學家如何決定哪些商品「具代表性」呢？數位相機和智慧型手機可能都能當作具代表性的商品，但智慧型手機已經涵蓋了數位相機的功能。這樣看來，統計學家是不是應該刪除數位相機？因為這項商品已經毫無意義。但如果我們直接拿掉數位相機，一籃子的價格就會下降，呈現出未曾發生的通膨減緩。因此應該要使用其他方法取代原本的通膨計算，但要使用什麼方法呢？

即使沒有替換籃子中的商品，問題同樣存在。例如，ＣＤ納入通膨籃子時，會使用單一平均價格點（price point）計算，但這個價格點不會是任何ＣＤ真正的價格。一手市場賣家會採用許多激進的折扣策略；二手市場，特別是亞馬遜這類全新數位商店，價格更是大幅下降。十年來，一直十分普及的盜版，也扭曲消費者心中認定的商品價格——因為音樂幾乎可以免費取得。

直到二〇一五年三月前，ＣＤ一直都是英國計算通膨時籃子中的一項商品。最後政府做出了決斷，將ＣＤ的零售價格從通膨籃子中刪除，並且使用 Spotify 每月訂閱價格取代——ＣＤ並沒有消失，但政府判斷ＣＤ對經濟的重要性小於 Spotify。在這種情況下，我們使用能存取六千萬首歌曲的每月訂閱價格，取代偶爾支出擁有十首歌曲的ＣＤ價格，很可能降低了音樂的單位價值，讓音樂變得更實惠。但實際上，ＣＤ價格幾年來不斷嚴重下跌，串流的整體價格則一直維持九．九九英鎊，這樣交換籃子中的商品，結果產生淨通膨。

這樣的通膨數字，當然和泰山經濟學第一條原則：「探討每位使用者平均營收貢獻值（ARPU）的增加」一點關係都沒有，也不代表ＣＤ已經消失，僅僅只是統計機構簡單做出判斷，決定哪些商品應該要放在通膨的籃子中。接著，統計機構會再做出判斷，決定計算籃子中的商品價值時所需考慮的因素。如果我們想要放開我們以為自己知道的事，然後抓緊我們清楚自己不知道的事，就需要拿出信心對這些判斷提出質疑。

泰山經濟學告訴我們，看待政府統計數據，就要像看待生活中許多事物一樣常保懷疑和好奇，並且勇於挑戰傳統信念。我們已經了解到通膨這類整體統計數據只是單方面的判斷，現在，要看看泰山經濟學如何點亮前進的道路。最好的例子就是「雲端儲存」（cloud storage）的興起，無論個人、公司還是政府都開始關閉自家的本地伺服器，並採用雲端服務做為他們的資料儲存基礎建設。Google、微軟和亞馬遜等科技巨擘，建構超大規模的雲端服務，實現以前家用電腦無法完成的運算。

使用雲端運算服務的網際網路使用者，從二〇一三年的二十四億成長到二〇一八年的三十六億。[1]二〇二〇年，Flexera 的《雲端現況報告》估計，所有以雲端為基礎的企業中，九三％都已經採用多雲端策略。[2]採用雲端技術已經十分普遍，很輕易就能發現互相競爭的公司在雲端上協作。亞馬遜和 Netflix 在影片串流服務上競爭激烈，但 Netflix 卻是由亞馬遜的雲端基礎結構技術支援，類似於冰淇淋小販通常會共用貨車來降低進貨成本，但在海灘上的攤位補完貨後，就開始激烈搶奪消費者。

雲端運算服務被大量採用且提高生產力的同時，我們也要擔心國內政府統計數據能不能跟上雲端成長的速度。最害怕的風險就是，越多經濟活動移向雲端，就失去越多統計數據。

雲端衝擊成為統計學的盲點，其中的第一個風險就是價格。國內ＧＤＰ統計數據能不能夠納入雲端活動是一回事，能不能追蹤到價格又是另一回事。雲端儲存的價格持續下降。AppZero創辦人奧康納二〇一四年提出「貝佐斯定律」（Bezos's Law），名稱參考了亞馬遜創辦人貝佐斯（Jeff Bezos）。定律指出，「單位雲端運算能力的價格，每三年降低約五〇%」，雲端儲存產業的價格變化確實也與預測相去不遠。[34]資料儲存的成本急遽下降，意味著即使公司使用的雲端儲存量越來越大，名義支出看起來卻會低上許多，必須要更重視平減指數（deflator）的變化。

經濟活動移轉到雲端，也在會計上產生第二個問題。隨選數位基礎結構的興起，也讓公司削減許多伺服器這類固定資本設備，並改用雲端服務。由自有設備轉換為租借服務，在資產負債表上該如何呈現呢？使用雲端服務類似於租賃另一家公司的設備，但大部分的企業都想將雲端服務當作資本支出。企業表現得像是自己擁有付費獲得的數位基礎結構，特別是最新的會計規則手冊——國際財務報導準則（International Financial Reporting Standards, IFRS16）——讓公司更容易做到這一點。風險在於，從公司的角度來看，資本支出正在增加，但從政府的角度卻在下降，也就是政府認為公司投資更少資本卻產出更多，與傳統政策的想法相悖。

第三個風險是定位經濟活動本身。這些美國大型雲端服務領導品牌，其投資花費，是否有如實向主管機關申報，這並無法得知。可以想見會出現一場「究竟是誰的雲端」的政治秀，因為公司設立所在國家會聲稱雲端服務活動發生在它們國內，但其他公司的原籍國家也會提出相同的聲明。這些雲端服務往往是大型組織的其中一部分，Google 的雲端平台僅次於搜尋引擎、亞馬遜的雲端平台僅次於零售服務，微軟的雲端平台則僅次於軟體——每家公司都有誘因在自己的國家監管下記錄更多經濟活動，原因是這能讓公司的影響力最大化。三家主要雲端平台供應商，都很希望能將國際雲端活動「鎖」在總部所在國家，並避免其經濟貢獻外洩到其他服務的市場。但是，這並不能消除重複計算問題，因為這些公司服務的其他國家，可能會選擇使用自己的方法，在國內市場中重複測量相同雲端服務的貢獻。

統計、測量雲端服務所帶來的難題，及時提醒我們「傑文斯悖論」（Jevons Paradox）。傑文斯認為，如果雲端儲存成本降低，我們則會使用更多儲存量。傑文斯悖論可以追溯到十九世紀英國經濟學家傑文斯（William Stanley Jevons）和他的著作《煤炭問題》（*The Coal Question*），書中指出，讓燃燒煤炭更有效率的新技術，並不會讓英國人使用更少煤炭。傑文斯的結論是：「如果你認為能更有效率使用燃料，就等同於減少燃料使用，完全是沒有想清楚。事實正好完全相反。」我們隨處都可以看到傑文斯悖論的例子：如果廚房的冰箱變得更節能，我們就會買更大的冰箱，並利用更多節能空間保存食物；如果汽車越省油，我們就會買更多汽車，並且居住在距離工作場所更遠的地方，使用更多汽油；雲端服務也十分類似，如果在雲端儲存資料越來越便宜，我們就會儲存更多資料；在高速公路上建設越多條車道，就會有更多車想開上高速公路；在網路上建構越多空間，就會出現更多雲端空間。

由於GDP會週期性增減，柯爾稱之為「多情的簡史」（brief but affectionate history），但現在GDP可能最終會迷失在雲端中。政府編制統計數據時，通常習慣回顧過去事件的調查結果，這意味著政府統計學家將難以考慮到，企業採用雲端服務後的價格下跌、會計處理和多地點的影響。

更糟的是，即使一個國家採用正確一致的作法，其他國家也可能刻意選擇採用舊方法。如果根據新統計方法得到更準確的經濟狀況，但是顯示出的經濟狀況不如舊方法來得強勁，政府就有誘因維持舊方法，使用捏造且高估的經濟價值。就算人民實際上正飽受景氣寒冬，政府仍有誘因讓大家看到政府施政表現良好的數據，並隱匿績效不佳的數據。

我們每天所處的實際經濟狀況抓住了雲端的新藤蔓，因而讓企業生產力提高，但負責測量經濟指標的政府可能依然緊抓舊藤蔓，因此誤判我們所處的真實狀況。雲端服務只是許多例子中的其中一例，可以用來說明為什麼我們對所處環境的觀點錯誤，會導致我們無法測量未知事物，進而害怕放棄已知事物。

GDP根據人們購買商品和服務的消費總額來計算。如果商品和服務免費，就不會算進GDP。臉書和Google是全球兩家超大公司，其主要產品分別為社群媒體平台和搜尋引擎，皆讓使用者免費使用。臉書、Gmail和維基百科等免費商品，已經逐漸成為我們生活中無法分離的一部分，但依然未出現在經濟統計數據上。研究顧問公司eMarketer的報告顯示：二〇二〇年，由於COVID-19危機和疫情前的趨勢，美國消費者在雙重力量下平均每天花在臉書和YouTube等媒體平台的時間，將增加超過一個小時，達平均每天十三小時三十五分鐘。[5]但截至目前為止，消費者在資訊產業的消費占比僅四・七%，和一九九七年時的比例完全相同——但當時許多社群媒體平台都還沒有出現。因此，目前有一大部分的經濟狀況並沒有實際反映在GDP上。

如果經濟活動的估值過低，最好的修正辦法就是重新審視消費者剩餘的概念，也就是消費者購買商品或服務的最高願付價格，與其商品或服務售價之間的差距。回想一下，在第四個原則「自製或外購」中，我提到二手唱片拍賣平台Discogs。如果你願意最多出九十一英鎊購買豪華盒裝版的《彩虹裡》，但只付四十英鎊就買到了，你的消費者剩餘就是五十一英鎊。消費者的花費可以計算，但消費者剩餘無法計算。

要如何才能計算出臉書等免費資源對使用者帶來的價值呢？找出消費者剩餘最簡單的方法就是，詢問使用者他們願意付多少錢以避免無法使用免費商品。麻省理工學院

（Massachusetts Institute of Technology，ＭＩＴ）研究員布林優夫森、柯林斯和李在濬（Jae-Joon Lee）在他們的「測量經濟計畫」中，為測量消費者剩餘做出巨大貢獻。在《哈佛商業評論》的一篇文章中，布林優夫森和柯林斯說明他們的研究過程：[6]

> 「我們首先請參與者做出選擇。在某些調查中，我們請參與者在多種商品中決定：『如果讓你選擇無法使用維基百科或臉書一個月，你會選哪一個？』在另一項調查中，我們會請參與者選擇能夠繼續使用數位商品，或者放棄使用並獲得補償，例如『如果不使用維基百科一個月可以領到十美元，你願意放棄使用嗎？』為了保證參與者揭露他們的真實偏好，我們進一步實驗，實驗中參與者必須真正放棄一項服務後，才能獲得金錢補償。」

參與者所呈現的消費者剩餘，其離散程度十分值得注意。有五分之一的參與者願意放棄使用臉書一個月並接受一美元的補償，但另外有五分之一如果沒有獲得一千美元以上，就完全不會考慮放棄使用臉書。整體而言，參與者之中臉書使用者願意接受的放棄補償金額中位數為四十八美元。研究員使用調查結果搭配後續實驗，得出美國臉書使用者在二〇〇四年到二〇一九年之間，從平台上獲得兩千三百一十億美元的價值——這兩千三百一十億美元的價值，從未由以交易為基礎的經濟測量方法記錄下來。

批評上述消費者剩餘方法的人指出，網站賺取的廣告收入就是GDP納入臉書價值的方法。但研究員發現，每位美國使用者一年的消費者剩餘約為五百美元，遠遠高於每年約僅有一四〇美元的使用者平均營收貢獻值，這代表臉書從廣告中賺到的收入，遠遠小於提供給使用者的價值。廣告收入無法代替消費者剩餘。

MIT團隊野心勃勃的提出一個能描述消費者剩餘、可用於測量經濟狀況的新方法，簡稱為GDP-B；B代表的是「效益」（Benefit）。他們認為，藉由量化消費者從免費商品中獲得的價值，可以補足傳統GDP缺少的部分。藉由考量這些效益，立法者不僅更容易根據實際數據做出決策，還可以藉由判斷我們的真實生活狀況，避免落入根據政策製造證據的陷阱。

然而，大規模的選擇實驗也有一定的局限。首先，我們需要納入大量不同商品，包含一長串難以詳列的長尾商品，更別說進行測量了。第二，免費商品會同時產生成本和效益，像是前面〈付出注意力〉的章節中提到，某些免費商品會影響我們已經大幅降低的注意力持續時間。第三，免費商品可以視為「達成目的的手段」，免費商品可以用來刺激消費者購買更多付費商品。調查報告中顯示的臉書消費者剩餘和廣告收入間的差距，或許可以透過我們購買平台上廣告產品的額外消費來計算。最後，我們必須承認，使用者「聲稱」願意為免費商品付費，比起真正掏錢還要容易許多。

儘管如此，反射性的否定 GDP-B 這類新想法，正是顯示自己放棄已知事物的恐懼。當然，強調新方法的局限，否定新方法，聲稱其計算不夠周全，然後繼續抓住傳統經濟統計數據的舊藤蔓，對我們來說容易許多。但要堅信舊藤蔓可以達成目的已經越來越難。我們在設算租金、通膨和採用雲端運算服務增加的例子中，就已經了解，目前GDP的計算方法中存在許多問題。GDP-B 則要你抓住新藤蔓，自己判斷你所認為的免費商品服務價值，雖然你沒有支付任何費用購買，但這些商品和服務已經成為日常生活中重要的部分。

除了可以用 GDP-B 描述我們認為有價值但無法測量價值的免費商品外，我們還要考慮另一項具有許多優點的「現在GDP」（GDP-of-now）。就像是一九三四年庫茲涅茨提出要測量的是當下的「福利」（welfare），而不是去錯誤的測量過去發生的交易。

從導論中我們了解，音樂產業已藉由接受新模型而重獲新生。音樂產業使用全新的資料工具，了解當下音樂的消費狀況，而非參考上一季的音樂銷售數字。我們也了解，測量當下的模型如何應用到健康、交通和住房上——擁有健身房會員卡不代表你今天有去健身房；上個月汽車的銷售數字無法用來計算開在路上的車輛數目；了解人們實際居住狀況，比了解賣出哪些房子更有價值。即使試著倉促拼湊出「現在GDP」的測量數據，代表資料不像官方採用的統計數字那樣精細，但卻更加即時。科技正不斷加速變化，統計數據卻往往遠遠落後現實，這樣的代價還是十分值得。

我在最想像不到的一系列事件發生後、從最不尋常的消息來源口中，了解到「現在GDP」的重要性。

我在 Spotify 時，大多數時間都在跨時區幫助公關部門處理近期媒體危機造成的混亂。Spotify 常常遭到許多歌手攻擊，像是泰勒絲曾說過：「我不想把畢生心血拿去做一場實驗。」尼爾楊（Neil Young）則說過：「我不需要把我的音樂作品，上架到有史以來品質最差的廣播平台或使用其他形式銷售，這會降低我的作品價值。」即使是在倫敦辦公室，樓下鄰居也在抱怨 Spotify 在餐廳舉辦音樂會；如果樓下鄰居不是理想國演藝公司（Live Nation）的話，他的抱怨完全可以理解！

二〇一八年四月的春天早晨，我走到辦公室座位的途中，就聽到 Spotify 又慘遭私人團體抨擊的傳言。似乎是英格蘭銀行（Bank of England）的首席經濟學家霍爾丹（Andy Haldane）在倫敦國王商學院（King's College Business School）發表演說，他建議英國中央銀行使用 Spotify 的聽眾資料，來測量他稱之為「人民信心」（sentiment）的指標。

《衛報》所下的標題是「英格蘭銀行：Spotify 的潮流可以幫助我們測量公眾信心」，其他報紙也紛紛報導這則新聞。《金融時報》的標題為「Spotify 打開了窺探我們靈魂和錢包的窗口」。批評者對於一家科技公司提供消費者資料給中央銀行感到極度不滿，因為這可是會影響到國內房貸的相關費用。

然而，這完全是錯誤傳言。Spotify 沒有提供資料，銀行也不期待 Spotify 會提供資料。這件事唯一讓我學到的公關教訓，就是負面新聞就像一坨沖不掉的大便。霍爾丹可能對自己掀起的風波也感到懊悔，主動提出要拜訪 Spotify 位於倫敦蘇荷區中心（蘇荷區的環境與索恩爵士（Sir John Soane）以波特蘭石牆建造著名的英格蘭銀行截然不同）的辦公室，親自向我們解釋。Spotify 也是第一次有這樣特別的客人來訪。雖然 Spotify 會定期邀請酷玩樂團（Coldplay）等樂團來表演，但從來沒有邀請過英格蘭銀行貨幣政策委員會的巨星成員。

霍爾丹意識到他造成的公關風暴後，深深的向我們道歉，接著解釋他論點背後的邏輯：

> 「現在的狀況是這樣：我們在本週結束前需要決定利率，目前使用的是三個月前索利赫爾的製造業調查來協助提供我們資訊。我的觀點是，從一份過期的索利赫爾工廠訂單調查中能了解的資訊十分有限。此外，這份調查並無法告訴我們最重要的資訊，那就是消費者信心指數。我們想知道人們現在感覺如何，而不是上一季生產了多

少車子。」

聽到這裡，房間裡所有Spotify的員工都靠了過來，霍爾丹繼續說：

「你們想想正在進行的英國脫歐談判，我相信人們都十分焦慮，焦慮造成人們對利率的反應，這肯定遠遠大過上一季索利赫爾的製造業訂單。我想要在所有地方尋找即時的信心訊號，以便協助政策制定，這就是為什麼我提到Spotify。」

焦慮！我清楚感覺到許多英國民眾都十分焦慮，擔心當時脫歐撲朔迷離的最終結果，尤其是生活在英國數百萬沒有投票權的移民，更是極度焦慮，但並沒有任何經濟統計數據可以呈現這種焦慮。或許，所有的經濟指標看起來都還不錯，但只要利率稍微變動，就可能造成焦慮水準達到臨界值，導致消費者行為徹底改變。

霍爾丹卓越的遠見，讓我重新審視心中對於時效性和精細度的權衡取捨：你可以調查得慢一點、但使用精細資料；或者立即使用較不精細的資料。全國最完整的製造業調查資料無法讓我們提問也無法回答，當然也無法回答霍爾丹真正想知道的：人們現在的感覺如何。霍爾丹認為Spotify的資料十分即時，因此可能可以揭露即時的消費者信心。住在英國的人正在因為脫歐感到焦慮痛苦嗎？如果是的話，提高利率會對人民造成什麼影響呢？人們的情緒影響程度遠比製造業指標深遠。上一季的ＧＤＰ完全無法回答這個問題，但探索「現在ＧＤＰ」就很可能找得到答案。

霍爾丹的故事帶來的泰山經濟學啟示就是，對未知的恐懼完全是自己造成的，因為我們沒有真正試著去找出這些恐懼背後的原因。我們需要即時了解現在的感受，而非測量生產線上過去生產的產品。

聲稱需要採用完全不同的方法判斷所處狀況是一回事，真正做到又是另一回事。過去，國家一直採用特定方法計算經濟狀況，讓我們誤以為過去的方法完全沒問題，根深蒂固的想法讓我們誇大了未知替代方案的風險。我們已經習慣接受簡單的整體ＧＤＰ，但沒人想知道背後確保能加總收入、產出和花費時使用的「黑箱」手段。以後再聽到晚間新聞中經濟專家提及ＧＤＰ微小的小數點變化，然後說「我們應該都覺得生活過得好一點了」的時候，你躺在床上記得問問自己，我們的感受真的有像經濟專家說的那麼好嗎。

COVID-19疫情讓上述現象更加明顯。我聽到一些貌似專家人士討論這個史無前例的重大事件時，竟然將封城過後經濟的復甦狀況，簡化為短暫急速衰退的V型或緩和衰退的U型這樣的字母形狀來討論。這讓我想起柯西斯基（Jerzy Kosinski）的經典小說《寶貴逼人來》（*Being There*）中的主角暢斯（Chauncey Gardiner）。

若是不知道的讀者，容我介紹一下這本書，以及一九七九年由塞勒斯（Peter Sellers）主演、令人啼笑皆非的同名電影《寶貴逼人來》。《寶貴逼人來》是一部講述園丁暢斯的寓言故事電影。暢斯頭腦簡單而且只靠花園和電視認識世界，但曲折的命運讓暢斯改頭換面，並被推向社會、商界和政府的高層。隨著德奧達托（Eumir Deodato）用放克曲風翻唱《二〇〇一太空漫遊》（*2001: A Space Odyssey*）專輯〈查拉圖斯特拉如是說〉（Also Sprach Zarathustra）的歌聲，暢斯逕直的走進白宮。總統和其經濟顧問團採納了暢斯的建議，經濟顧問團還將暢斯對於花園的簡單描述，解釋為對總體經濟學的一種暗喻。同樣頭腦簡單的總統鮑比（Bobby），因為過於沉迷園丁提出的園藝方法，向全國宣布經濟情況可能沒有像看到的那麼糟：

> 「我發現，我們要多多參考暢斯先生對國家的觀點。我引用直覺敏銳的暢斯先生的一句話：『只要產業根基持續穩固的種在國家的泥土上，經濟前景無疑是一片燦爛。』……所以我要重新思考狀況並找到另一個解決方案。……各位先生們，這一次我們不要害怕秋天和冬天無可避免的寒冷和風暴。相反的，我們一起期待春天萬物蓬勃滋長，等待夏天的豐收。我們住在地球這個大花園裡，就一起學習接受和欣賞樹木

光禿一片和收穫果實的時光吧。」

我要強調的是，暢斯是個充滿諷刺意味的虛構角色，如果與在世或過去的現實人物、或者任何實際發生事件有相似之處，都純屬巧合。然而，暢斯在園藝方面的比喻，正是在嘲笑當時經濟論述的水準。就如同現在我們應該有自信的說，將經濟前景比照成V或U字型，是否真的有比當時進步呢？

若要放開舊藤蔓，就必須意識到風險與不確定性的區別。在《極端不確定性：為不可知的未來做決策》（*Radical Uncertainty: Decision-making for an Unknowable Future*）一書中，作者約翰·凱（John Kay）和前英格蘭銀行總裁金恩（Mervyn King）提出，以前經濟學是為了嘗試了解不確定性及不確定性產生的難解之謎，但現在經濟學更注重處理機率問題，以及用來解決可計算風險的方法和技術。因此，才會造成政府埋頭於精準計算固定且容易量化的問題，忽略了無法輕易測量的資料。

像製造業數字升降這樣的問題都已被清楚定義，解決問題後也能取得廣泛共識。然而，像公眾焦慮這類不確定的問題，卻往往難以產生共識。政策制定者可能喜歡明確定義的問題，這樣在解決問題時才能夠取得廣泛共識。例如：「沒錯，現在經濟正在衰退，因為連續兩季的統計數據都清楚呈現出經濟衰退。」但政府不應忽視解決難解問題的必要性，即使這些難題很難得到確切結論，但在幫助經濟成長方面卻十分重要。

重新回顧二〇一八年春天霍爾丹的例子，我們會發現掌握多筆數個月前製造業的精細資料，或許能提供我們清楚的資料庫，也讓數學家可以幫助中央銀行計算決定利率的風險；然而，無法提供真正有用的資訊，像是英國脫歐時焦慮不安的生活狀況。要解決這個問題，我們就必須評估這個時代更難解的不確定性，也就是生活中難以化為數字的元素，例如焦慮。下一章我們將會了解，即使「厚數據」（thick data）很難測量，我們也需要更多厚數據。

我們已經清楚了解，在新常態下頭腦裡的創意比頭上的屋頂還要重要。我們也了解，創意想法很難納入GDP。儘管各國以國界分割決定國內的經濟表現，但經濟活動卻不斷移向無國界的雲端。GDP-B和「現在GDP」提供兩個指標，幫我們回頭處理難以量化的不確定難題，而非糾結於機率問題上。回想上一章提到，我們必須轉個方向思考。如果只要找到正確資料並放到正確公式，就能測量我們所處的狀況，就能單純理性思考如何解決問題，那麼照理說我們早就解決所有問題了。但實際上，還有很多難題等著我們面對。

*

如果能對我們所處狀況下更好的判斷，就能對我們前進的方向更有信心，並且更不會害怕放棄過時的事物。科技對生活帶來的衝擊常被過度放大恐懼，其中一個原因就是破壞性創新科技帶來的好處往往遭到低估。想像一下，如果維基百科對經濟的貢獻，使用和軍火製造業相同的方式描述，會是什麼樣的狀況。GDP這類的衡量指標，從來就不是為了回答我們目前提出的問題而創造出來的，就連創造GDP的庫茲涅茨在二戰前都提出相同的論點。一旦大家都知道什麼時候該放棄GDP，我們就真正進入「美麗新世界」＊，以一張白紙的心態開始判斷我們所處的狀況。

COVID-19 消滅了所有緊抓舊藤蔓的藉口。當經濟陷入亂流時，任何嘗試測量經濟的方法皆會失效。公共教育的收入數據依然會保持穩定，因為沒有任何人失去工作；但若去測量公共教育產出，則會大幅下滑，因為小孩幾乎沒在教室上課。因此，我們必須將很多不同的數字結合起來，才能準確測量GDP！當專家正在談論即將到來的另一場經濟大蕭條時，股市卻前所未有的反彈暴漲，這正好應證了我的悲觀悖論——這套系統已經崩壞了。

我們所處的世界中，最重要的事物往往沒有被測量到，反而是最不重要的事物才會被測量。智慧型手機的發明對美國經濟的貢獻微乎其微，儘管智慧型手機改變兩億五千萬美國居民的生活，「附加價值」（value added）的部分卻分配到台灣和南韓等製造基地。從另一個極端來看，發生車禍對經濟貢獻有正向乘數效應（multiplier effect），因為車禍後必須利用緊急服務、保險市場，甚至製造和消費替代車輛等——這些產出能夠被測量。因此我必須再次聲明，這套系統已經崩壞了。

我最喜歡的電影《大陰謀》（*All the President's Men*）中有一個難忘的場景：記者伍德沃德（Bob Woodward）與他的祕密線人「深喉嚨」（Deep Throat）在一座黑暗的停車場見面。伍德沃德的調查報導讓他與白宮的距離更加接近，他害怕自己會陷得太深。深喉嚨為了安撫伍德沃德緊張的情緒，說：「忘了媒體製造的白宮神話吧。事實是這些人腦袋都不怎麼靈光，事情已經失控了。」

看似專家的人使用過時的統計數據談論經濟學時，我希望你們都能有這種感受：事實上，他們的說法並不怎麼明智，而且統計數據早已遭到扭曲。

為了推動我們繼續向前，我們得知道何時看到的統計數據中藏有不祥的預感，並且訓練我們的腦袋建構更值得信任的數據，來判斷我們真實所處的狀況。這樣的作法無可避免的會涉及大量的大數據，但我們可不要忘了第二個重點，也是最有名的「羅里主義」。它提醒了我們，所有的大數據最初來自於何處——所有的大數據都來自過去。

---

*譯注：《美麗新世界》（*Brave New World*），為英國作家阿道斯·雷歐那德·赫胥黎（Aldous Leonard Huxley）於一九三二年發表的反烏托邦作品。

章節附註

1 〈二〇一三年與二〇一八年全球雲端基礎服務使用者數量〉（Number of consumer cloud- based service users worldwide in 2013 and 2018），「*Statistsa*」網站，二〇一三年。

2 〈Flexera二〇二〇年雲端現況報告〉（Flexera 2020 State of the Cloud Report），「*Flexera*」網站，二〇二〇年。

3 蘇帕納（Bill Supernor），〈為什麼雲端運算的成本急遽下降？〉（Why the cost of cloud computing is dropping dramatically），《應用程式開發者雜誌》（*App Developer Magazine*），二〇一八年一月。

4 奧康納（Greg O'Connor），〈取代摩爾定律的貝佐斯定律〉（Moore's law gives way to Bezos's law），「*Gigaom*」網站，二〇一四年四月。

5 多利弗（Mark Dolliver），〈二〇二〇年美國人花費在社群媒體的時間：COVID-19爆發後消費者社群媒體使用量的成長〉（US Time Spent with Media 2020: Gains in Consumer Usage During the Year of COVID-19 and Beyond），「*eMarketer*」網站，二〇二〇年四月。

6 布林優夫森（Erik Brynjolfsson）和柯林斯（Avinash Collis），〈我們要如何測量數位經濟？〉（How Should we Measure the Digital Economy?），《哈佛商業評論》（*Harvard Business Review*），二〇一九年十一、十二月。

第八章　大數據，大錯誤

賓州大學（University of Pennsylvania）經濟學家戴伯在文章中寫道：「橫跨經濟學、統計學和電腦科學的詞彙『大數據』（big data），很可能源自於一九九〇年代中期，視算科技公司（Silicon Graphics Inc., SGI）的午餐閒聊，馬沙（John Mashey）就是創造詞彙的關鍵人物。」[1]亞馬遜上面的書籍有超過九千本書名包含「大數據」一詞。有些書主張用 Excel 報表就能呈現大數據；但其他則主張如果可以用 Excel 呈現的話，那就不夠格成為大數據。有些甚至主張所謂的大數據，必須大到像大藥廠用的那個數量才夠格。

談到大數據，我有自己的獨特觀點。數據要讓人們認為夠大，就必須大到會出大問題，也就是造成「量化偏差」（quantification bias）。王聖捷（Tricia Wang）讓「量化偏差」一詞廣為人知，我們之後會討論到這號人物。量化偏差擁護能夠測量的事物，並且認為無法測量的事物一點都不重要，甚至認為這些事物根本不存在。量化偏差影響我們的工作、收到的工作指示，還有更重要的——工作的評鑑方式。量化偏差甚至會影響我們能否找到工作。儘管證據顯示，在招募過程使用人工智慧（ＡＩ）軟體，會得到令人擔心的偏見決定，但人事部門依然越來越常在徵才時使用ＡＩ。

因為量化偏差重視能產生數據的行動，如果認為這些行動比無法產生數據的行動更有價值，這很可能造成問題。想像一下，組織中有兩位員工，一位員工負責讓好事發生，另一位員工負責防止壞事發生。如果你的工作是實現目標，成功達成任務會產生很多正值數據點，也就是看得見的成果。但如果你的工作是防止問題發生，則無法產生任何能夠測量的結果，你達成的是看不見的成果。量化偏差對第二位員工不利，因為只有在工作出問題時，第二位員工才會受到注意。

長年以來，每間公司的公關和通訊部門都存在上述評鑑偏頗的問題。這些團隊通常有兩種核心功能。有些員工負責創造良好的頭條數字，因此能夠以銷售量或績效統計數據來評量表現。此時大數據就是他們的朋友。他們創造越多則頭條，公司的品牌、產品或服務的曝光度就越高，就能產生更多可測量數據。

在另一個極端的員工負責避免糟糕的頭條出現。他們每天花大量時間撥打電話，防止潛在可能破壞公司形象的新聞。如果他們的工作很成功，就不會出現任何能夠測量的結果，也就是不會發生不想發生的結果。他們將負數轉為安全的零，但這些高價值的零加起來依然是零。

量化偏差重視可測量的成就、而非無法測量的預防。我們只會根據完成的任務測量績效，而非防止問題這種無法測量的貢獻。主管決定升遷人選時，只會詢問員工做到什麼，卻很少有時間讓員工說明自己預防了什麼。這種不平衡不僅會打擊員工士氣，還會影響組織策略。

感覺上，我們正處於大數據的黃金時代，公司雇用更多資料科學家，並且使用或開發工具來處理越來越大的數據集。基本上這是個好現象，無數書籍和部落格都頌揚朝向大數據發展。不過，若要防止大數據帶來大錯誤，就需要停下腳步，找出爆炸般的大數據可能帶來的問題。大數據的巨大進展毋庸置疑，但我們要減少忽視遭遺忘的大錯誤可能帶來的風險。

Spotify 的「每週新發現」（Discover Weekly）播放清單功能，代表 Spotify 和一般媒體的典範轉移。長期以來 Spotify 一直驕傲的聲稱，自己有能力大規模為聽眾篩選音樂，但卻一直沒有做出具體行動，證明自己確實能做到以及如何做到。二〇一五年初夏，Spotify 有接近一億位每月活躍的使用者，每個人都有自己獨特的品味，Spotify 要如何為每位使用者篩選播放清單呢？二〇一五年七月二十日，正好是那個月的第三個星期一，大家才看到了這個問題的答案。

「每週新發現」雖然會介紹新音樂給使用者，但這並非其僅有的功能，該模式是媒體傳播方式的一大進展：從「一對多」模式轉換為「許多一對一」模式。「每週新發現」上線後，每位 Spotify 的使用者每週一都會收到專為他們精選的三十首歌曲，每份播放清單都獨一無二，其他人和你收到播放清單都完全不同。然後到了週日晚上，這三十首歌曲就會移除，接著再換上全新三十首歌曲播放清單。Spotify 聲稱「每週新發現」上線的第一年期間，已經觸及了四千萬名使用者，串流超過五十億首歌曲。[2]

「每週新發現」成功的背後，隱藏兩項重要的作法。首先，Spotify 利用使用者每次收聽音樂或新增歌曲到播放清單中的數據，建構其音樂庫中所有音樂的模型。第二，Spotify 開發出分析上述數據來辨識每位使用者音樂偏好的技術。因此每星期一早上，Spotify 會巧妙的過濾音樂，將其他使用者不斷收聽、但對你來說全新的歌曲送到你手上，讓你拿到自己獨特品味的獨特播放清單。

Spotify 實現了大規模個人化篩選。「每週新發現」對音樂需求造成立即衝擊，讓人們跳脫收聽傳統唱片公司主打歌曲，更能自由存取音樂。唱片公司則有兩種反應：(1)「『每週新發現』超棒的！」；(2)「我們要如何影響『每週新發現』的播放清單？」但「每週新發現」超棒之處就在於，沒有任何唱片公司或外部訊號可以影響它。如果「每週新發現」會受外部影響，就不會是個超棒的創舉。

「每週新發現」是奧格（Matthew Ogle）提出的想法，奧格先前和多諾方（Hannah

Donovan）經營名為「這是我最愛的歌曲」（This Is My Jam）的新創音樂抓取服務（scraping service）。這個簡單的網站能讓使用者每週選擇一首歌作為「最愛歌曲」（jam），然後在社交網站分享，並且收聽所有朋友選擇的音樂組成的播放清單。網站聚焦在詢問使用者一項重要資料——每天你最想分享的一首歌曲。而非試著悄悄取得所有能取得的資料，所以多諾方創造「顯著數據」（notable data）一詞來解釋網站吸引人之處，不是使用大數據。

二〇一五年一月十五日，奧格開始在 Spotify 任職，他的團隊僅僅花了半年時間，就在二〇一五年七月二十日星期一推出「每週新發現」。眾多會議和投影片可能有各種定義「敏捷」的方式，我的定義則十分簡單：一個人能夠在剛到 Spotify 就職的六個月內，就推出改變市場的產品，讓音樂選擇更自由——這就是敏捷的最佳典範。

碰巧的是，「每週新發現」並不是在二〇一五年七月、唯一一項音樂愛好者開始可以使用的新功能。在 Apple Music 推出後不到一個月，「每週新發現」才開始可以在智慧型手機上使用。財經媒體將 Spotify 比喻為扳倒巨人的大衛、蘋果則是巨人歌利亞（Goliath）——這是非常恰當的比喻，因為蘋果這名庫比蒂諾的巨人，當時即將成為全球第一家市值超過一兆美元的公司。

二〇一五年夏天，《告示牌》雜誌的皮伯斯提供一份視覺化數據，Apple Music 雖然規模和 Spotify 一樣大，卻僅僅只占蘋果規模的一小部分：

「蘋果的規模巨大無比。《金融時報》指出，分析家預測蘋果營收在這個會計年度將來到二三二億美元。如果蘋果擁有 Spotify 的兩千萬名訂閱者，十二個月營收將來到十九億二千萬美元，僅占蘋果年營收的〇．八%。我們做個比較，如果蘋果公司重九十公斤，也就是美國男性的平均體重，Apple Music 的重量就只有〇．七公斤，約等於第一代 iPad 的重量。」[3]

大家都認為，歌利亞蘋果進軍音樂串流市場，會擊垮現在市場上的大衛 Spotify，但「每週新發現」的推出和超乎預期的成功，成功建造了護城河，保衛住 Spotify 的城堡。大數據正以前所未見的方式從「每週新發現」中湧現。Spotify 的資料科學家投入研究各種訊號，包含連續收聽的停留時間、播放未超過三十秒而無法獲得版稅的跳過歌曲、以及使用者儲存到自己播放清單的歌曲。隨著數據大量成長，分析師對過去看似不是十分重要的數據越來越敏感，例如：時間因素。數據顯示，星期一下午四點是使用者收聽「每週新發現」的最佳時間；星期天晚上八點則是使用者在新播放清單出現前，會上線從播放清單中儲存歌曲的時間。

儘管收集到的數據十分豐富，也有多名資料科學家加入研究，但我們還是無法回答最重要的問題：為什麼許多其他播放清單計畫都失敗了，但「每週新發現」卻能大放異彩？

這個問題讓許多人都感到十分尷尬。「每週新發現」雖然沒有任何重要行銷支援，但仍然達到關鍵使用者數量。Spotify 先前也有推出許多重要的行銷計畫，但每一項和「每週新發現」相比皆望塵莫及。此外，這個問題還有許多令人困惑的細節，如果說是口耳相傳推動「每週新發現」的成功，我們還是感到十分疑惑：人們出於什麼理由要向自己社交網路上的朋友，推薦為每位使用者個人化篩選的播放清單？為什麼「每週新發現」在沒有任何特定分享內容的情況下，能夠如此大紅大紫？

我們掌握所有「每週新發現」可量化的指標，接下來就是要快速給出答案。Apple Music 迫在眉睫的威脅也帶給 Spotify 恐懼，尤其 Apple Music 在體育直播這類高收視率節目上買廣告，展現驚人的行銷實力，Spotify 無法負擔高額的廣告行銷費用。蘋果也在嘗試獨家發行策略，它們支付大筆預付款給歌手，讓歌手僅在 Apple Music 平台上發行新專輯，Spotify 同樣也無法負擔獨家發行的費用。蘋果嘗試將 Apple Music 與 Siri 的硬體裝置整合，Spotify 並沒有這類硬體裝置。Spotify 可能擁有許多可量化指標，但這些指標並無法回答「每週新發現」的相關問題。因此我們需要欣然接受這個謎題，並且詢問「每週新發現」使用者真實使用狀況的質性問題。

第三章中我們曾經討論過，分析未經特別主打的熱門歌曲，往往比研究唱片公司極力主打且使用大量行銷預算支援的熱門歌曲，能讓我們了解到更多資訊。

數據迷霧

為了進一步探討量化偏差，我們從音樂串流的戰爭轉移到真實戰爭。坦白說，我是位美國政治迷，我數不清自己已經看過多少本關於美國總統的書籍，而且幾乎所有能找到與美國總統相關的紀錄片我都看過。我認為，其中最具衝擊力的紀錄片就是《戰爭迷霧》（*The Fog of War*），這部紀錄片訪問一九六一年到一九六八年任職美國國防部長的麥納馬拉（Robert McNamara），訪談內容精彩且令人難忘。麥納馬拉是在戰爭中應用統計數據的先驅，但在二十五年後回顧越南戰爭時，他提出如果只能取得部份統計數據，會如何扭曲評估情勢的能力。「戰爭迷霧」是訪談中麥納馬拉提到的一個詞，「迷霧」指的是在錯綜複雜的戰爭中永遠無法收集完整情報，因此無可避免的任何策略都是在模糊中做決定。麥納馬拉提出十一條能幫助克服戰爭迷霧的經驗，最重要的就是「隨時準備好重新檢查你的推論」。

或許麥納馬拉整整花了二十五年重新檢查他的推論，但就在美國開始從越南撤軍時，一本鮮為人知的書籍就已經在實現麥納馬拉的想法。一九七二年楊克洛維奇的書籍《企業當務之急：商業新需求的持續研究》提出四步驟來解決他所提出的「量化謬誤」（quantification fallacy）：

「第一步驟，是測量任何可以輕易測量的事物，這到目前為止都還沒有什麼困難。第二步驟是忽略無法輕易測量的事物，或者賦予一個任意的量化值，但這是人為的和誤導的。第三步驟，是假設無法輕易測量的事物一點都不重要，但這是盲目的。第四步驟是聲稱無法輕易測量的事物根本不存在；這是自殺。」[4]

麥納馬拉的戰爭迷霧正壟罩著在Spotify的我們。儘管我們擁有大量數據，還是難以解釋「每週新發現」成功的原因。我們是否犯了和麥納馬拉相同的錯誤，只看到我們相信的事物，沒有去檢查我們的推論？我們是否犯了量化謬誤，並忽略任何我們無法測量的事物？

為了找到「每週新發現」成功的原因，我搜尋許多其他失敗的行銷計畫，並且在寒冷的冬天，來到芝加哥大學（University of Chicago）。芝加哥大學的經濟學部門立場壁壘分明。街道一側是著名的經濟學系，堅信經濟個體擁有完全資訊（perfect information），能夠做出理性決策。街道另一側是諾貝爾得主賽勒（Richard Thaler）的辦公室，帶領許多持相反意見的行為經濟學家。賽勒等經濟學家認為，人們無法掌握完全資訊，也不太可能做出理性選擇。街道兩側經濟學家的不同觀點，讓我想起麥昆（Steve McQueen）在電影《警網鐵金剛》（*Bullit*）中的著名台詞：「你相信你想要的結果。你在街道那邊工作，我在另一邊工作。」賽勒將個體經濟學與心理學結合以便找出新想法，我隱約感覺到他或許能夠回答我們的問題：為什麼 Spotify 的使用者會推薦獨特的個人體驗給他們社群網路的朋友。「每週新發現」的品牌是否已經比樂團更具影響力？

第一次和賽勒見面時，他提醒我要探究消費者是否真的清楚播放清單是特別為每位消費者篩選的。或許消費者仍認為，「每週新發現」像廣播一樣採用一對多的廣播模式。廣播帶來了數十年的「飲水機」時光，讓聽眾可以互相分享他們的體驗。Spotify 的員工每天面對平台產生的無數數據，我們自然會認為使用者了解他們的體驗十分獨特且專為個人設計。然而，賽勒提到「知識的詛咒」（curse of knowledge）讓我們看到自己想要相信的事物，也就是認為使用者推薦「每週新發現」的原因，是因為他們喜歡個人化演算的智慧。但事實可能並非如此，消費者對複雜的演算法毫無興趣，他們只是按一下螢幕，將手機放在口袋裡，並且探索新的歌曲。

賽勒不斷提醒我，「知識的詛咒」是錯誤的假設，周圍的人並不會像我們一樣知道特定領域的專業知識。賽勒拿起手機告訴我，「知識的詛咒」就近在眼前，每個人打開 Spotify 應用程式時，很明顯的就會面對一個詛咒。超大的「隨機播放」按鈕占據螢幕的一大部分，但真正的播放按鈕卻藏在下方的小角落。我們認為消費者即使收聽本來就設計好、按照特定順序播放的專輯或播放清單，也會想要隨機播放歌曲，但這個錯誤的假設就是一種詛咒。程式設計師誤以為想要按照順序播放歌曲的聽眾，都能夠輕易找到播放按鈕，他們誤以為這個小小的播放按鈕依然十分明顯。賽勒卻不斷強調：「畢竟，使用者介面是他們設計的啊！」這種知識的詛咒並不容易出現在大數據中。

跳過的歌曲是我們誤解的另一項數據。如果使用者跳過「每週新發現」播放清單中的某一首歌曲，就會產生一個可量化指標，我們會認為這是負面訊號，這首跳過的歌曲一定不符合這位使用者的獨特品味。但有沒有可能使用者已經聽過而且很喜愛這首歌曲，跳過的原因只是希望能夠在「每週新發現」找到新歌曲——換句話說，跳過歌曲的原因是因為這首歌「太符合品味」了？這意味著跳過並不代表負面訊號，而是正確的歌曲在錯誤的地方播放，他們喜歡這首歌曲，但並不想在「每週新發現」中聽到。數據可以告訴我們使用者現在正在收聽的歌曲，但無法告訴我們使用者以前在 Spotify 加入過的喜愛歌曲，當時 Spotify 的一億位使用者在 Spotify 出現前，就都已經十分愛聽音樂。臉書生活動態設計之所以獨占鰲頭，就因為它能夠讓你把臉書還沒出現前的生活經歷，搬到這裡來發布。

賽勒讓我明白，越是遠離那些可以輕易測量的數據，越能發現未測量的事物更為重要。賽勒幫我找了他的六名學生，一起開啟一項計畫，試圖了解「每週新發現」背後的行為經濟學。我們花了六個月的時間，測試使用者對這項服務的了解程度和體驗後，到了和賽勒討論並分析結果的時候了。但不幸的是，我們並沒有得出任何明確結果。我們找到一些證據，推論出使用者並不知道他們的播放清單只會維持七天，然後就會「過期」——若真如此，那就是革新數位時代的作法——但這並不足以成為支持任何嚴謹理論的說法。同樣的，也有跡象顯示，消費者並不知道播放清單是專為個人篩選，但因為「每週新發現」也才推出不久，並沒有得到決定性證據。我非常沮喪，告訴賽勒我們的研究遭遇到困難，無法調查到更多線索了，實際上研究沒有得到任何結果。我們收集並仔細查看所有數據，並且進行使用者測試，但卻一無所獲。

賽勒告訴我，不要再查看數據，而是要開始審視測量不到的事物。「每週新發現」雖然意外的成功，我們能不能從失敗的產品中學到任何東西呢？因為我們在成功的產品中找不到任何進展，賽勒就鼓勵我從失敗的產品中尋找資訊。

在一個寒冷的芝加哥下午，賽勒坐在個人辦公室內，周圍擺滿他的著作，以及他的人生導師康納曼（Daniel Kahneman）和特沃斯基（Amos Tversky）的作品。賽勒將手放在椅子的扶手上，靠著椅背說：「你說你曾嘗試過『懷舊星期四』（Throwback Thursday）播放清單，但並沒有成功？」

我小心翼翼的回答：「嗯，這個計畫失敗對策畫團隊來說十分殘酷，但計畫確實沒有成功。」

他似乎注意到可能存在某種模式，繼續問：「好的，然後你告訴我說某個叫『週五好心情』（Feel-Good Fridays）的播放清單，表現也很糟糕且毫無成果？」

我回答：「沒錯，那項計畫完全無法吸引使用者。」

賽勒靠向我說：「但你告訴我你們在星期一發送的『每週新發現』，讓四千萬使用者收聽四千萬份專為個人篩選的播放清單，並且取得前所未有的成功？」

我點了點頭。

他問道：「你們還不知道為什麼會這樣嗎？」

我沮喪的回答：「不知道，我們監控、測量並測試每個播放清單產生的可量化指標，但還是找不到成功的原因，我們已經卡住了。」

賽勒的笑容十分溫和，提醒我們誰是學生誰才是教授。他伸手從櫃子上拿下一疊論文，對我說：「就只是因為你們選擇在星期一發送『每週新發現』啊！」米爾柯曼和她在華頓商學院（Wharton School）的研究夥伴，深入研究「新起點效應」（Fresh Start effect），結果顯示一週、一個月或一學期開始，這種心理上的全新會計週期，會讓人更容易做出具有企圖心的行為。[5]

我的思緒一下子往回走了好幾個時區，回到我的家鄉北倫敦，並在倫敦地鐵上開始了新的一週。前往地鐵站路上，會有穿著鮮豔夾克的志工正在分發健身房會員或瑜珈課程，他們總是在星期一出現。賽勒讓我想起，這些身穿鮮豔夾克分發傳單的志工，從來不會在星期一以外的日子出現。

原來答案一直就在我的眼前。星期一是人們樂於接受新事物的日子，無論是健身房會員、免費報紙或全新「每週新發現」播放清單，都最適合在星期一提供給大家。賽勒撥開阻擋我看見解答的數據迷霧。我先前陷入了量化謬誤，忽略了無法測量的事物，認為像星期幾這類因素和播放清單的成功毫無相關——這就是我犯的大錯誤。我不斷尋找的答案正是如此簡單，就只是因為星期一是每週第一個工作天。解答並不存在從數百萬參與者中每週隨機抽取、測試所產生的巨量大數據。我反思全球唱片音樂產業差不多也在同一時間做了另一個重大決策：它們決定將新歌的全球發行日期，由星期四改到星期五。我開始懷疑這是否也是個大錯誤。

就像精彩犯罪故事中都會有轉移我們注意力的「紅鯡魚」（red herring），數據可能會將我們帶到某一個方向，但真正的線索卻悄悄的溜走了。許多經濟學家同行極力宣揚大數據潛力的同時，我卻開始以一名旁觀者的身分，尋找他們錯失的其他線索或證據。我對大數據的價值抱持著一種合理懷疑的態度。

為了避免屈服於量化偏差的誘惑，我們需要採用經濟學中經常缺少的一種思維方式：基本常識。接下來，我將以資料科學中最基本且一直存在的相關性（correlation）和因果關係（causation）挑戰為例。如果數據顯示出兩個變數之間有某種關係，使用大數據來描述相關性就十分容易。然而，真正造成兩個變數之間互相連結的因果關係，則非常難以確定。如果你發現兩個變數之間有相關性，並不代表兩個變數實際上相互影響。

維根的「虛假相關性」網站就列出許多因果謬誤的荒唐例證，用圖表顯示許多美國統計數據中，儘管基本常識都告訴我們兩項變數明顯毫無關係，但卻存在相關性。這些圖表還整理成一本「荒唐」的書籍出版。[6] 其中有兩張我最喜歡的圖表：第一張是摔進水池裡死亡的人數與尼可拉斯・凱吉（Nicholas Cage）每年拍攝的電影數量有強烈相關；第二張則呈現出緬因州的離婚率和每人食用的人造奶油量明顯有強烈相關。

普雷斯頓・麥克費（Preston McAfee）是第一批研究科技領域的經濟學家，二〇〇七年他在雅虎擔任（Yahoo!）首席經濟學家，隨後又擔任微軟和 Google 的經濟團隊負責人。麥克費是我的人生導師，他是最早將經濟學應用在科技巨頭公司的經濟學家。麥克費的職涯歷程賦予我信心去追求理想——成為第一位音樂領域的經濟學家。麥克費成功的其中一個原因，就是他在專業能力和基本知識之間取得平衡，避免因為大數據而犯下大錯誤。

麥克費在里奇蒙聯邦準備銀行（Federal Reserve Bank of Richmond）的訪談中，回憶起在微軟工作時面對的相關性和因果關係角力。他說：

「微軟如同大多數的電腦公司，會在開學日和十二月假期期間販售它們的『Surface』電腦，這兩段時間也是電腦需求最高的時候，因此價格變化和季節效應密不可分，兩者之間極其相關。」[7]

麥克費的觀察說明在處理單純的銷售高峰時，你假設相關性代表因果關係會十分危險，究竟是折扣價格帶動需求增加？或者這只是消費者不同時間點的購買習慣所致？為什麼微軟要在需求最高的時候降價促銷呢？

麥克費帶領的微軟團隊緊接著開發機器學習（machine learning）的技術，協助探索因果關係。麥克費也指出，亞馬遜等公司的個體經濟學團隊，同樣也在解答先前公司無法理解的問題。換句話說，科技巨擘對大數據的需求正不斷上升。對所有公司的經濟學家來說，真正的挑戰是，一般公司會有數百人的行銷團隊，如果行銷團隊能夠證明行銷費不僅和銷售收入增加有關，而且行銷活動確實能帶來銷售收入增加，他們就能拿到報酬和獎金。

如果你曾經和廣告或行銷部門一起工作過，很可能聽過：「我花在廣告上一半的金錢都浪費掉了。問題就出在我不知道哪一半浪費了。」——這是沃納梅克說過的名言（John Wanamaker，一八三八—一九二二）。沃納梅克創立美國早期的一家百貨公司，並且極力推崇行銷活動。長久以來，大數據的推崇者一直認為，追蹤有效廣告並且放棄無效廣告，就能解決沃納梅克提出的問題。但沃納梅克都已經過世一百年了，我們卻明顯看到，大數據的興起很可能會讓沃納梅克的困惑更難解決，而不是讓困惑消失。

傳統播放的廣告存在因果關係的問題：我們可以調查了解特定廣告被多少消費者看到，但無法知道哪支廣告實際讓觀看的消費者購買商品。大數據理應可以直接利用點擊次數來解決這個問題，也就是計算多少消費者看到一則廣告、點擊商品並購買商品。然而，過去數十年間，雖然數位廣告可能已經取代大部分的印刷廣告，卻無法有效取代電視和廣播廣告。

根據 Statista 的預測，二〇一八年的時候美國電視廣告收入為七一〇億美元，到了二〇二三年將成長到七二〇億美元。相同的，全球電視廣告收入預期在二〇一八至二〇二二年間，會從一七三〇億美元成長到一九二〇億美元。[8] 廣播的情況也類似，二〇一九年美國廣播廣告費為一七九億美元，預測到了二〇二三年將成長到一八四億美元。（備註：但因為 COVID-19 疫情的關係，這些預測數字都需要重新估算。）[9] 如果像許多非線性媒體＊科技公司在過去二十年聲稱的「線性媒體已死」，那麼 Statista 對美國廣告收入的中性預測，是表明死後還有來生？

作家兼企業家韋伯在 Medium 網站上發表一篇名為〈哪一半浪費了？〉（Which Half is Wasted?）的文章，針對為什麼那些倡導在廣告上應用大數據的人犯下大錯，他提出精闢的看法。韋伯引用一個世紀前研究相同主題的英國經濟學家羅賓遜（Joan Robinson）和哈佛大學經濟學家錢柏林（Edward Hastings Chamberlin）的觀點，公司會購買兩種不同類型的廣告：直接廣告（direct advertising）和品牌廣告（brand advertising）。直接廣告的廣告時機是在你決定購買一項產品之前，可能透過提供折扣這類的方式吸引消費者購物；品牌廣告則試圖在消費者腦海中建立特定類型產品的正面印象，例如 Nike 的「Just Do It」的廣告、或是巴黎萊雅（L'Oreal）的「因為妳值得」。你在選擇購買產品時，就有可能傾向特定品牌。

韋伯認為，網際網路在直接行銷上大獲全勝，但在品牌建立上卻毫無進展。臉書和 Google 建立起非常複雜、由大規模數據驅動的目標平台，正好適合用來在特定時機傳遞購買誘因。每當我們在臉書上對某件商品按讚，或者在 Google 上搜尋商品，我們就會展現出購買意願，所以直接提供優惠的廣告，可能就會讓我們出手購買。品牌行銷則比較慢發酵，而且比起單次購買具有更複雜的目標。品牌行銷嘗試改變消費者的態度或行為，像是讓你覺得穿上 Nike 的鞋子就能變成運動員，或者使用特定化妝品就會更嫵媚動人。這類提供希望和夢想、而非直接銷售一項產品的廣告，仍由傳統電視和廣播形式的媒體占據主導地位。電視和廣播能夠同時觸及許多消費者，並且混入隱含訊息。網路媒體則是觸及許多個別消費者，容易讓品牌傳達的整體訊息失焦。此外，在電視上看到某件產品的廣告，然後又在喜歡的節目上看到產品的置入性行銷，目的就是將產品和你喜愛節目的良好感覺建立連結，達到某種層次的聲譽傳承效果。

最後，在「贏家通吃」的媒體市場中，消費者一整個夏天可能就只看一部賣座電影，只要攻占全國上下的排行榜就可以確保你的電影成為賣座電影。一名好萊塢的主管曾告訴我，威爾・史密斯（Will Smith）的電影需花費巨額行銷預算，為的就是確保每三位美國人就有一位知道他的電影：「不惜代價讓每三人中至少有一人知道你的電影，就能夠掌握一部大片。如果知名度到不了這個境界，這部電影終將失敗。」

加利福尼亞大學柏克萊分校（University of California, Berkeley）的經濟學教授塔德利斯，就曾使用最重要的基本知識來檢驗廣告的影響。塔德利斯和麥克費一樣，都從學術界

＊編按：非線性媒體是一種消費者可以與之互動的媒體形式。在傳統的線性媒體中，內容則由發布者選擇，然後消費者被動的進行消費。

轉戰科技業，在二〇一一至二〇一三年間帶領 eBay 的一支經濟學家團隊。塔德利斯當時就曾質疑，eBay 在 Google 上購買的品牌廣告是否有效。[10] 因此，塔德利斯的團隊在部分市場停止購買 Google 廣告，然後觀察停止購買廣告對銷售量的影響。他們發現在大多數的情況下，購買廣告並無法顯著增加銷售量，甚至根本毫無幫助。就算廣告和銷售成長相關，廣告花費也超過廣告帶來的銷售成長。人們不需要透過廣告就會自己造訪 eBay 網站，他們要不是點擊搜尋結果優先提供的「自然清單」（natural listing）*，像是在 Google 上搜尋「eBay 的復古服裝」，自然而然就會找到 eBay 網站；要不就是直接前往 eBay 網站，甚至越來越多人使用 eBay 的 apps，完全無需利用搜尋引擎。

向 eBay 的老客戶宣傳 eBay，就如同向皈依者佈道，基本上沒有任何實際效果。塔德利斯在 eBay 的實驗結果說明，所有公司都應該仔細檢視搜尋引擎行銷費所帶來的投資報酬。傳統看法僅根據個別且可測量的點擊次數，聲稱廣告和銷售收入有相關性和因果關係。塔德利斯的實驗同時也凸顯使用基本常識質疑傳統看法的重要性。

當我們著眼於廣告帶來的點擊數、銷售量和下載量指標時，基本常識更為重要。弗雷德里克和馬丁的文章〈新網際網路泡沫來臨：線上廣告〉中提到，這些可量化指標往往無法區分兩種不同的效應。第一種是「選擇效應」（selection effect），也就是不需要廣告就會發生的點擊、購買和下載；第二種是「廣告效應」（advertising effect），也就是沒有廣告就不會發生的點擊、購買和下載。[11]

因為廣告商的演算法很可能會提高選擇效益，所以將選擇效應和廣告效應混在一起的風險又增加了。想像一下：如果 Nike 向臉書和 Google 購買廣告，廣告平台的演算法會以對 Nike 產品表現出興趣的使用者為目標。究竟哪些人最有可能點擊 Nike 的廣告呢？正是那些 Nike 的老顧客。因此，雖然演算法能夠引起消費者注意，但並非 Nike 購買這則廣告想要吸引的注意力。大數據能有效驅使現有消費者再次購買品牌產品，但如果認為在獲取新消費者方面也同樣有效，那就大錯特錯。

十九世紀時，美國企業家史丹利（Clark Stanley）大力推銷獨家品牌的蛇油。史丹利聲稱蛇油是利用滾水烹煮響尾蛇後提取的脂肪製作而成，並將蛇油當作治療各種疾病的萬靈丹兜售。一八九三年，史丹利的「發明」在芝加哥舉辦的世界博覽會上引起一陣風潮，他在現場切開一條活生生的響尾蛇製作蛇油——你可以想像當時如果有 Instagram 的話，這個畫面鐵定會在網路上瘋傳。

但當研究人員質疑史丹利的說法和產品成分時，他的推銷說法戲劇性的被拆穿。史丹

＊譯注：不需付費的搜尋結果。

利的響尾蛇油不但沒有絲毫療效，甚至沒有任何蛇油成分。史丹利因違反食物及藥品法、欺騙及不實宣傳產品遭到罰款，但金額僅二十美元，相當於現在的四百二十九美元。

普林斯頓大學（Princeton University）電腦科學系的副教授那拉亞南（Arvind Narayanan）認為，大數據和人工智慧也存在蛇油問題。在主題為「如何辨識ＡＩ蛇油」的演講中，那拉亞南說明ＡＩ已經成為一系列相關科技的總稱。其中部分科技已取得顯著進展，使得「ＡＩ」一詞頗具行銷價值，並且讓其他缺乏創新能力的公司，能夠藉由聲稱產品使用ＡＩ來銷售劣質產品。例如，某些公司說它們開發的ＡＩ，能夠比人力資源部門更精準篩選新進員工的候選人，因此吸引了數億美元的投資，但目前幾乎沒有任何證據顯示這項技術真的奏效，實際上，還可能造成持續的偏差和偏見。

那拉亞南將這些「一般」的ＡＩ系統和 AlphaGo 這類「狹義」應用做出重要區分。AlphaGo 是由 DeepMind 科技（DeepMind Technologies）開發的電腦程式，在圍棋上無人能敵。[12]那拉亞南表示：「AlphaGo 是件超凡的智慧作品，值得大家頌揚。十年前，大部分專家都不認為能做出 AlphaGo 這樣的ＡＩ。但 AlphaGo 和聲稱能夠預測工作表現的工具毫無相同之處。」那拉亞南的結論是，當預測工作表現的軟體被「貼上」ＡＩ標籤後，其實依然只是一台精心設計的隨機數字產生器。

「ＡＩ偏差」（AI Bias）本質上是量化偏差的姪子。我們常稱的「ＡＩ」更準確來說應該叫做「機器學習」，也就是電腦分析大量數據，以便能夠自己做出決策或預測其他數據。因此理論上認為，只要塞給機器學習演算法大量雇用的數據，機器就能「學習」如何做出正確的雇用決策。伊凡斯認為，關鍵問題在於機器做出的決定都是根據餵給它的數據。如果餵給機器的數據不完整、不充足或帶有偏見，機器就會做出錯誤決策。伊凡斯指出，有一家公司聲稱可以從監視器影片中辨識出偷竊行為，但餵食ＡＩ的數據僅僅只是雇用十幾位演員、花一天時間在閉路電視前假裝偷竊的影片——這根本算不上充足數據，就算數據充足，ＡＩ也只能辨識出演技糟糕的演員，而非真正的小偷。

與戴維斯（Ernest Davis）合著《重啟ＡＩ》（*Rebooting AI*）一書的馬庫斯，二〇一九年時敏銳的在文章「ＡＩ錯誤資訊氾濫」中，提出大數據中更大的風險，特別是ＡＩ帶來的風險。馬庫斯所說的風險就是過度承諾。馬庫斯將這個風險歸結為一種共有財悲劇，也就是所有漁夫會為了自身利益在同一塊水域過度捕撈，直到整個魚群生態失去平衡，所有漁夫共同承擔後果為止。他認為，無數公司利用ＡＩ標籤的行銷潛能，使得消費者開始對ＡＩ的能力有不切實際的期待；一旦其中一定數量的公司未能實現它們所聲稱的ＡＩ奇蹟時，大眾對ＡＩ的信心就可能轉變，進而可能造成真正有用且能改變世界的ＡＩ計畫，發展也隨之趨緩。作者寫道：「如果大眾、政府和投資界意識到，這些公司灌輸他們與現實不相符且不切實際的ＡＩ優、劣勢願景時，新的ＡＩ寒冬可能就會開始。」人們對ＡＩ的表現不如預期感到失望，可能就會造成俗話所說「把嬰兒和洗澡水一起倒掉」（因噎廢食）的風險。

馬庫斯引用《經濟學人》年刊《二〇二〇全球大趨勢》（*World in 2020*）中一篇名為〈ＡＩ預測未來：ＡＩ認為接下來的一年會如何？〉（An artificial intelligence predicts the future: What would an artificial intelligence think about the year ahead?）的文章[13]。文章中，《經濟學人》聲稱它們利用《經濟學人》的文章數據庫訓練一套ＡＩ系統，然後ＡＩ就產出一系列貌似人類所做的怪誕預測。馬庫斯指出，《經濟學人》犯了在文章中兜售蛇油的錯誤，它們誤導讀者這些ＡＩ的預測皆「未經編輯」，但實際上發表的每條預測都是從五個選項中，根據連貫性和幽默感過濾精選而出。一名ＡＩ專家在推特上表示，他對大數據的成果印象深刻，認為「這些預測結果比許多人類的預測結果還要具連貫性。」最大的錯誤源於系統能夠借鑒大量的人類寫作以及為了連貫性而過濾掉人類記者的干預。馬庫斯發現，專家發布的錯誤推文相較於他發布指出錯誤的推文，轉推次數約為七十五比一，這個結果顯現出另一種偏差：談論大數據的新聞，傳播速度遠比談論大數據造成大錯誤的新聞還要快很多。

無論是處理機器學習的大量數字，或者僅解讀調查回饋的一個數字，大錯誤的風險無處不在。二〇〇三年十二月，瑞克赫爾德為《哈佛商業評論》撰寫的一篇文章中，提出一項測量績效的新指標：淨推薦值（Net Promoter Score，NPS）。[14]淨推薦值因為簡單易懂，所以深得商界領導者的青睞。瑞克赫爾德聲稱：「這個數字是公司成長不可或缺的一個數字，如此簡單卻又十分重要。」大數據由一個簡單的數字支撐，而且據說可以擴展應用到整個組織。

他發布文章的時機十分耐人尋味，不到十個月後，《連線》雜誌就刊登安德森那篇著名的「長尾」部落格文章，文章聲稱未來的商業就是要從個別銷售量少的長尾中獲利。兩篇極具影響力的文章發表日期如此接近，而且十五年後兩種理論依然持續影響我們的業績並測量我們的績效，這真是一個神奇的巧合。我們已經知道長尾理論遭到推翻，因為有選擇比沒選擇好，但太多選擇沒有比夠多選擇來得好。接下來我們要解決的是瑞克赫爾德的「一個數字」問題，這個數字同樣也可能導致大錯誤。

我是一名失意的經濟學家，每當別人請求我幫忙填寫可怕的NPS調查時，我都會不斷向他們批評NPS固有的缺陷。因為NPS調查無處不在、如此頻繁又不斷發生，我也是批評到構成許多人的困擾。

因此你應該能想像，當我得知有人和我有相同感受，而且能夠更清楚的表達批評時的反應。二〇一七年，設計及使用者體驗專家斯普爾（Jared M. Spool）的開創性文章「淨推薦分數帶來危害，使用者體驗專家該如何處理」（Net Promoter Score Considered Harmful (and What UX Professionals Can Do About It)）得到熱烈回響。斯普爾和我一樣，認為應該要停止使用這個明顯我們唯一需要知道數字。

NPS符合所有「立即可用」商業指標的需求，容易測量且容易快速掌握，當你試圖提升自我評價，掩蓋錯誤，在層級組織中打一場地盤爭奪戰時，NPS就十分好用。然而，聲稱單一數字可以準確代表整個組織的健康程度，造成的問題會大於解決的問題——既然這本書你已經讀到這裡，這樣的結果應該不會太過意外？NPS助長了相同的量化謬誤，鼓勵領導者停止深入提問，但這很可能造成大問題。

測量NPS時，會詢問受訪者一個問題：「請問您推薦這家公司給朋友或同事的機率有多大？」並使用「完全不可能」到「極有可能」共十一個不同分數的答案選項。但NPS的「刻度」經過扭曲，並非所有分數之間的差距都相同。你可能會以為NPS就是將受訪者的分數平均，描繪出平均每位消費者推薦公司的可能性。事實上並非如此。NPS會將分數分為三個等級：

九或十分為「推薦者」（Promoters）。

七或八分為「中立者」（Passives）。

六分以下為「批評者」（Detractors）。

若要得到NPS，須將給九或十分推薦者的百分比，減掉給六分以下批評者的百分比。斯普爾舉出的簡單例子中假設有十位受訪者，分別給予分數：〇、〇、一、四、五、六、七、八、九和十分。十個分數的簡單平均為五分，但NPS卻是負四十分，因為有二〇%推薦者給出九或十分，但六〇%批評者給了六分以下。NPS的邏輯較為重視極端值：如果消費者非常熱愛你的公司，他們會大力推薦，應該要計算到NPS中；如果消費者非常不喜歡你的公司，他們會告訴其他人不要使用你的產品，因此造成的影響也要納入NPS中；但如果消費者反應冷淡，不太可能推薦或批評你的公司品牌，他們不會影響公司形象，因此NPS不會納入考量。

受訪者並不會注意到詭異的評分機制，至少NPS設計時會假設受訪者不知情。但現在NPS十分普及，很顯然這是我們唯一需要知道的數字，如果受訪者事先知道NPS的任何資訊，就會導致策略性給分。例如，在應該給七分時給了九分或十分，如此一來造成結果錯誤。凱因斯選美競賽又出現了——我們不會給出我們心中認為的分數，而是根據評審的解讀方式打分數。

NPS使用簡單的想法產生簡單的數字，不難想像為什麼NPS會那麼流行。但你可以發現，ＮＰＳ出現許多前面討論的謬誤跡象。ＮＰＳ需要依賴調查數據，調查數據通常並不是十分可靠。調查數據需要受訪者辨識自己的行為，而且沒有其他人協助檢查受訪者的自我評估是否和實際情況相符。此外，調查的樣本數量總是小得可憐，用來推論更廣大的世界趨勢時，並不是非常實用。回想一下沃德觀察飛機技師修理二戰時期戰鬥機機翼上的彈孔，技師雖然知道子彈打到何處，但這些彈孔卻無法告訴他們子彈接下來會打到哪裡。相同的，你只能知道這些問卷受訪者的回答，但無法藉此得知全世界其他人的完整想法。

此外，ＮＰＳ使用非常狹義的方式評估消費者，只關心他們是否認為自己會推薦你的公司。ＮＰＳ試圖使用一個數字來描述複雜的人類心理和行為。

此外還有一個新問題。使用者體驗專家盧特（Kate Rutter）稱ＮＰＳ為「分析劇場」（analytics theatre）的始作俑者，因為ＮＰＳ的吸引力中有一項就是創造數字戲劇性的震盪。ＮＰＳ誇大了波動，但隱藏了幅度，這可能有利於（或避免）成為頭條新聞，但對更好的產品或服務並沒有幫助。總體經濟學過度重視的採購經理人指數（Purchasing Managers' Index, ＰＭＩ）也有同樣的戲劇性效果，ＰＭＩ忽略認為前景沒有變化的受訪者，只顯示出看好或看壞前景受訪者的淨差異，因此可能會產生九七％受訪者不認同的調查結果。例如，看好整體前景的調查結果中，有三人認為前景大好、兩人認為前景不佳，另外九十五人認為前景不變，就會產生「前景大好」的結果，但九十七個人都不太認同。

我們可以重新回到斯普爾的文章，看看NPS如何對我們的績效造成負面影響。更重要的是，如何影響我們的士氣。斯普爾要我們想像自己接到一個重整失敗部門的任務，基線的NPS是負一百分，也就是每個人都給了服務零分。經過一年的努力，你成功讓十個零分都提高到六分——這樣難以置信的成效，肯定會讓你的部門獲得獎金、更多資源，以及其他額外的好處吧！但NPS卻紋風不動，因為這十個六分依然被視為批評者。你可以想像如此卓越的成就對NPS分數卻毫無影響，有多麼打擊士氣。

接下來，假設你因為NPS分數毫無起色，離開這個你成功重整的部門。另一位新的主管加入公司，並接手你留下的豐碩成果。如果這位主管將受訪者的平均分數僅僅提高三分，從六分到九分，就能抽中NPS的大獎。以「分析劇場」的說法來看，將NPS從零分提高到六分的表演者被觀眾噓下台，但僅僅將NPS提高三分到九分的表演者，卻能讓觀眾起立鼓掌並高喊安可。

我們都應該使用這個數字背後隱藏許多會影響正確使用方法的注意事項，特別是回收率。回收率低的調查通常代表公司讓人觀感不佳。我們不太能推斷那些很可能因為負面體驗而不願接受調查的消費者，會跟回應調查的消費者給予相同分數。這個因素會讓所有NPS調查結果都非常可疑。以我的經驗來說，我使用的行動網路業者僅依賴NPS的數字，而不用其他任何方法來了解我真正的使用者體驗。因為我的使用經驗經常很差，我通常對最後的調查十分反感，意味著他們的調查結果很可能會得出錯誤推論。更嚴重的是，因為很多公司完全相信NPS，也就懶得再深入詢問更多問題。例如，它們未曾問我是否會將WhatsApp推薦給朋友。它們有問過你嗎？

我們現在評估的數據集，其龐大規模給人一種完整的感覺。我們總想呈現一個可控制環境的模型，考慮到每一個變數。然而，現實生活中，並沒有能夠簡單控制的系統。因此我們的應對手段是納入更多數據，試圖做出一個更完整全面的數據集。但我們需要控制這種衝動，量化偏差傾向會出現在可測量的活動，而不是無法測量的活動。

我們需要從大數據稍微移向更人性的數據，稱之為「厚數據」（thick data）。「厚數據」一詞是由 Sudden Compass 公司的科技人類學家王聖捷所提出的。Sudden Compass 是一家將客戶夢想付諸實現的公司，它們認為數據就是人們本身，並非人們產出的指標。厚數據和大數據正好相反，試圖描述人們最直接且未經任何中介處理的數據，希望未來還能透過和人們直接接觸，完整呈現人們的情緒和故事。厚數據是對抗大數據炒作的最佳解方。除了根據數百萬據點銷售承諾的蛇油商人外，還有更深入、更有耐心觀察真實的人們，傾聽並與人們對話的厚數據。王聖捷公開承認厚數據站在歷史上許多巨人的肩膀上，例如人類學、質性數據……或就只是理性思考。在最近的訪談中，她說明：

「厚數據納入許多事物。只要保持開放心胸就能夠接受厚數據。表面上看來，厚數據是尚未量化的數據，甚至是你完全不知道卻需要收集的數據，唯有打開心胸接納厚數據，並在拿到厚數據時也對未知保持開放態度，才能夠了解厚數據。」15

厚數據的出現，就是為了要拯救人們的情緒、個人狀況和文化特徵等無法量化的寶貴數據，它可以拯救大數據無法收集的人文背景。王聖捷認為，大數據往往會變成創造事件抽象畫面的儀表版，唯有透過厚數據才能幫我們將目光看向窗外，了解真正發生的事情、即將發生的事情，以及最重要的——未來可能發生的事情。

二〇一九 Nudgestock 研討會在福克斯通的 UKIP Riviera 懸崖邊舉辦，是許多行為學奇才聚集的重要活動。我在會議中親眼看到王聖捷站在台上，她發表時的滔滔不絕滿腔熱情，如同醍醐灌頂。她的演講讓我回想起在 Spotify 時，很多時候我們都相信人們製造的那些可測量指標，但卻忽視「人」這項無法測量的指標。

重新回顧 Spotify 在二〇一五年夏天推出的「每週新發現」這個成功案例。不到一年之後，Spotify 又推出另一項熱門產品：「家庭方案」（Family Plan），與 Apple Music 只要

十四．九九英鎊就能讓六個子帳號使用 Spotify Premium 的優惠活動打對台。我還記得，那時我還去了劍橋的顧客支援辦公室，因為在那裡可以得到最重要的消費者回饋。顧客支援辦公室的資訊可以讓我們取得優勢。

「每週新發現」產出一欄數據，「家庭方案」則產出另一欄數據，但在那之前，沒有任何人認為應該了解各個家庭，以便對照兩欄的數據。我聽說這些訂閱「家庭方案」的消費者最常提出的問題都十分類似：「為什麼《冰雪奇緣》（*Frozen*）的〈Let It Go〉會出現在我的『每週新發現』播放清單中？」Spotify 會詢問這些消費者有沒有小孩。「對，我有兩個女兒。」很明顯，這些家長的小孩干擾了演算法，他們不希望受到這樣的影響，這會讓「家庭方案」更具吸引力。客戶服務需要聆聽人們的想法，而非僅是繪製人們產出的數據，我們可以明顯發現客製化正在帶動商業，商業也越來越常採用客製化。

我發現，大數據見樹不見林。舉例來說，Spotify 根據數據決定停止支援早期的 iPhone 型號。到了某個時間點，總會有人根據使用數據和作業系統升級週期，大刀闊斧的提出 Spotify 將不再支援舊型手機。但當我和許多家庭交流後，我發現家長通常會把自己的舊 iPhone 傳給他們的小孩。如果家庭中有更多成員可以使用「家庭方案」，訂閱「家庭方案」的提議就會更具吸引力，將舊 iPhone 傳給小孩會成為訂閱的催化劑。Spotify 一方面銷售「家庭方案」，一方面又讓部分家庭成員無法使用 Spotify 服務，根本是搬石頭砸自己的腳。

我還可以舉出無數例子，說明唯有和人們接觸，才能找到大數據無法發現的問題。實際上，與人們接觸也不難，與其和廣告團隊坐在一起「腦力激盪」，不如和顧客支援團隊坐在一起，傾聽他們正在處理哪些問題。如果你發現自己壓根兒不清楚組織中的顧客支援團隊在哪裡，找到他們，鐵定能讓你了解很多現在不知道的事。

*

無論是質疑政府數據的健全程度，或是質疑大數據的可靠性，針對經濟狀態提出一些合理質疑都不會是件壞事。第七章和第八章是要灌注信心給你，告訴你何時該舉手提出其他人都不敢問的「蠢問題」。我們要挑戰總體經濟學家的權威觀點，或是舉出資料科學家極具說服力的預測中不合理的地方；我們要找出人們販售的「蛇油」；我們要想辦法更有意義的去了解製造數據的人們，而不是只專注在數據本身。

我想呼籲的是，要在天秤兩端取得平衡，每一位資料科學家都要能發揮能力，合理解釋他們能夠測量到的事物，並且詢問有多少資源花費在人類學、文化意識、或僅僅是和消費者的交流上。如果明顯感覺到不平衡，就要做出改變。我們可以稍微從可測量的數據中脫離出來，讓無法測量的事物能夠合理化，並且在相關性和因果關係的討論中，加入一點基本常識判斷。我們要向客服團隊請教，最好能真正和消費者對話，而不要只是把消費者簡化為數據。

這些冒險的選擇都十分重要。如果我們無法控制住對大數據的熱情，那麼人工智慧就很可能變得更「人工」而非更「智慧」。如果機器學習觀察到汽車價格上升時，同時汽車銷售量也上升，可能會得出價格彈性（price elasticity）為正的結論*。這時你就需要舉起手，提出車子的品質和消費者的富裕程度也要納入考量。甚至還有更糟糕的情況，如果機器學習觀察到，在市中心發生車禍時，人們出現圍觀傷患的傾向，然後簡單假設人們喜歡聚在一起圍觀傷患這時你就需要舉起手指出，事情很顯然並非如此。

廣告界有句話是這樣說的：「如果你不能推銷自己，那你還能推銷什麼？」能夠嗅到大數據說服力的人，都知道如何超賣大數據。一名在科技新創公司從事財務工作的同行，曾向我做了最好的解釋。那名同行取得廣告部門告訴她的資訊，她卻無法在正確的數據欄中找到，雖然花了一整天時間嘗試結清帳目，但卻無法完成工作。當晚她打算灌一瓶阿根

* 譯注：價格彈性為消費量相對變化除以價格相對變化。一般商品根據供需法則：價格越高則消費量會越低，因此價格彈性通常不會是正數。

廷馬爾貝可酒，然後把工作的煩惱都忘了。我詢問她，當聽到廣告和行銷人員所聲稱的「大數據」時，試著「去蕪存菁」是什麼感覺。她的回答顯然是擁有多年工作的深刻體會後才能說出的想法：「在廣告部門工作的同事還不差，至少他們跟你說話時，你還知道他們在說謊；在行銷部門工作的同事你才要擔心，他們撒的謊聽起來像經過科學證實。」

提到數據時，千萬不要落入羊群心態，你永遠都不應該忘記最著名的羅里主義：所有的大數據都來自過去。你無法將無價的事物標上價格，基本常識就是一種無價事物。諷刺的是，許多人都鼓勵我們伸手抓向大數據的新藤蔓，但有時基本知識的舊藤蔓才是最有效的數據，像是和製造出數據的人們交談，或是傾聽他們的想法。在這個案例中，泰山經濟學並不會一昧的盪向下一棵樹，因為我們已經了解，大數據的危險之處就是人們相信大數據永遠不會出錯。然而事實上，除非我們正確了解數據，否則數據可能會說出比最有天賦的罪犯更有說服力的謊言。

章節附註

1 戴伯（Francis Diebold），〈「大數據」的起源與發展：現象、詞彙和學科〉（On the Origin(s) and Development of "Big Data": The Phenomenon, the Term, and the Discipline），未正式發表論文，二〇一九年。

2 波普（Ben Popper），〈Spotify的「每週新發現」觸及四千萬名使用者並串流五十億首歌曲：原來的內部方案卻成為 Spotify 最成功的一項產品〉（Spotify's Discover Weekly reaches 40 million users and 5 billion tracks streamed: What started as an in- house hack has become one of the company's most successful products），《前沿雜誌》（*The Verge*），二〇一六年五月。

3 皮伯斯（Glenn Peoples），〈Apple Music 的目標：現在爭取部分訂閱者，未來賣出大量裝置〉（Apple Music's Goal: Some Subscribers Now, Lots of Hardware Sales Later），《告示牌》，二〇一五年六月。

4 楊克洛維奇（Daniel Yankelovich），《企業當務之急：商業新需求的持續研究》（*Corporate Priorities: A Continuing Study of the New Demands on Business*），史丹佛（Stanford），CT：楊克洛維奇公司（Yankelovich Inc），一九七二年。

5 戴恆晨（Hengchen Dai）、米爾柯曼（Katherine Milkman）和里斯（Jason Riis），〈新起點效應：時間里程碑激勵具有企圖心的行為〉（The Fresh Start Effect: Temporal Landmarks Motivate Aspirational Behavior），《管理科學》（*Management Science*），二〇一四年。

6 維根（Tyler Vigen），《虛假相關性》（*Spurious Correlations*），阿歇特圖書（Hachette Books），二〇一五年。

7 https://www.richmondfed.org/publications/research/econ_focus/2018/q4/interview

8 〈美國二〇一八年、二〇一九年和二〇二三年的電視廣告收入〉（TV advertising revenue in the United States in 2018, 2019 and 2023），「*Statista*」網站，二〇二〇年。

9 〈美國二〇一九年和二〇二三年的廣播廣告花費〉（Radio advertising spending in the United States in 2019 and 2023），「*Statista*」網站，二〇二〇年。

10 塔德利斯（Steve Tadelis）、布萊克（Tom Blake）和諾斯科（Chris Nosko），〈消費者搜尋帶來的報酬：eBay 帶給大家的證據〉（Returns to Consumer Search: Evidence from eBay），第十七屆 ACM 電子商務會議（17th ACM Conference on Electronic Commerce〔EC 2016〕），二〇一六年，五百三十一頁到五百四十五頁。

11 弗雷德里克（Jesse Frederik）和馬丁（Maurits Martijn），〈新網際網路泡沫來臨：線上廣告〉（The new dot

com bubble is here: it's called online advertising），「通訊員」（*The Correspondent*）網站，二〇一九年十一月。

12 那拉亞南（Arvind Narayanan），「如何辨識ＡＩ蛇油」（How to recognize AI snake oil），麻省理工學院亞瑟米勒科學與倫理講座（Arthur Miller lecture on science and ethics, Massachusetts Institute of Technology），二〇一九年十一月。

13 馬庫斯（Gary Marcus），〈ＡＩ錯誤資訊氾濫〉（An Epidemic of AI Misinformation），「梯度」（*The Gradient*）網站，二〇一九年十一月。

14 瑞克赫爾德（Frederick F. Reichheld），〈企業成長所需的一個數字〉（The One Number You Need to Grow），《哈佛商業評論》，二〇〇三年十二月。

15 尼爾（Carrie Neill），〈人們是你的數據〉（People Are Your Data），「*Dscout*」網站，二〇一八年五月。

結論

創建者和經營者

我本身不吸菸也不喝咖啡，但卻欠香菸和咖啡很多人情。書中的許多靈感，都是在與吸菸和喝咖啡的人長時間交流下發想出來的。這對我來說的確很符合經濟效益，我獲得了許多啟發，但既不用花錢購買成癮商品，也不用承擔任何副作用。

多虧咖啡和香菸，我才能想出一個比喻，藉以推動本書諸多想法、並讓這些想法成為各位讀者可以付諸實行的建議。我要大膽假設，這個比喻，在將來可能會比香菸和咖啡這些東西，更讓人上癮難戒。當初我想出這個比喻時，坐在我桌子對面的人就正在抽菸和喝咖啡。

二〇一七年，Spotify 正準備在紐約證券交易所（New York Stock Exchange）首次公開發行（IPO）。這場賭注很高，因為 Spotify 並不是一間普通的新創公司，這也不是一場普通的IPO。傳統IPO涉及大量宣傳和複雜的金融詭計，但 Spotify 採行不同途徑，選擇直接上市，在一夜之間就進入股票市場。當時的競爭情勢正在升溫，蘋果開始讓 Spotify 嚐到串流戰場真正第一口競爭的滋味，事情越發棘手。

我很幸運，和 Spotify 的一名早期投資人保持著良好關係。我們會不定期見面，但並不是在 Spotify 蘇荷區的高檔辦公室。這名投資人喜歡在辦公室前的大街上見面，這樣他才能更隨意的享受他的兩種惡習：咖啡和香菸。我們會面並不是在閒話家常，他在喝咖啡和抽菸時，會要求我告訴他這台綠色瑞典串流機器＊中發生的一切好壞消息，而且最好是在他抽完香菸前就能讓他瞭解。

直接上市的幾個月前，我又來到大街上。倫敦初冬的早晨冷得讓人瑟瑟發抖，還伴隨著義大利烤肉和尼古丁的味道。我全神貫注聆聽這位投資人提出一連串科技界動盪的問題，包含拋售和回購、雇用和解雇，以及合併和分拆。在 Spotify 即將上市的前景下，他希望我不要說得那麼複雜，直接說究竟這些亂象有沒有影響到 Spotify 上市。他十分清楚媒體上的報導，但需要確認實情，而且就像他先前想獲得的所有資訊一樣——越快越好。

我就直搗黃龍的說：「創建者正要離開，經營者即將進駐。」這就是我能描述得出 Spotify 狀況最簡潔的結論。

Spotify 是一家已經創立十年的科技新創公司，它重新定義在公司上市前夕就估值達一

＊譯注：指 Spotify 的商標顏色。

六〇億美元的唱片產業。投資人抽了最後一口菸，然後反常的要我進一步解釋。

我說：「創建 Spotify 的人準備離開，未來要經營 Spotify 的人正在接手。創建者重視彈性、創意和敏捷——這些都是他們用來建造公司，從無到有打造出 Spotify的 特質。」

他點了點頭。

「但在準備上市時接手經營的那些人更像經營者。他們想在未來幾年收成 Spotify 的獲利，所以重視流程、可預測性和架構。」

他又再次點了點頭。我等他提出下一輪問題，但過了一會兒，他只說了一句謝謝，熄滅香菸，然後將咖啡杯扔到回收桶後就離開了。

這種會議我已經開過好幾次，但這次感覺大不相同。下一次我們再會面時，「SPOT」就會出現在紐約證券交易所。在 Spotify 股票成為可交易的商品前，這正是個好時機，可以認真盤點這家僅由六個人在二〇〇六年創立的公司。

對公司所有人來說，二〇一八年的ＩＰＯ達成一個里程碑，標誌著音樂產業歷經破壞性創新、「第一個遭受衝擊又第一個復原」的旅程就此結束。對瑞典來說，Spotify 的成功代表榮譽。這家斯德哥爾摩公司的資本額，已經超越當時瑞典數一數二的大公司富豪汽車（Volvo）。最讓人感到意外的是，紐約證券交易所竟然搞錯了 Spotify 的公司國籍，在建築物外面掛上瑞士國旗。（紐約證券交易所的道歉聲明指出，抱歉，因為瑞士的巧克力確實很好吃！）

Spotify 直接上市幾個月後，「SPOT」的股票代碼跑馬燈開始在全球交易螢幕上滑動，我又再次搭乘電梯下樓，到街上與那位投資人會面。在數位音樂這個充滿破壞性創新的產業中，變化早就讓我習以為常。即便如此，當我一出大門見到這位投資人朋友時，還是出現讓我備感意外的事——他竟然戒菸了。

但這絲毫沒有減慢我們的談話節奏。

他說：「上次見面時你提出的說法大家都很喜歡，大家常常都會使用你說的那個比喻。」

我問：「你說哪個說法？」我完全不記得我說過什麼。

「你提到了創建者和經營者，巧妙描述一家科技公司的生命週期。一家公司可以由其中一種人掌控，但不能同時存在兩種人，關鍵在於創建者要知道何時離開讓經營者接手。因為沒有人能夠永遠待在一家科技公司，重點在於了解自己屬於公司生命週期的哪個時段。」

雖然我已經忘記自己說過這些話，但聽到有人向我複述內容，我也覺得這種說法很有道理。

如果「創建者和經營者」的說法真正具有價值，就必須進一步檢驗，因此我詢問我的投資人朋友，他認為自己屬於哪個角色。但我覺得有點尷尬，因為這兩種角色，看起來都不符合他在 Spotify 的成功中所扮演的角色。畢竟，在重大建設都還沒開始前他就已經加入。他沉思了一會兒，突然回答：「我比較像是個測量師。我和 Spotify 的共同創辦人埃克（Daniel Ek）爬上了山，看到高山另一側的土地，然後決定要在哪裡蓋房子。我知道那塊土地有價值，籌措資金後就離開，然後讓創建者接手。」

創建者、經營者和測量師——我們各自扮演不同的職業！還有哪些角色可以當作比喻呢？風險資本家是土地開發商、監管機構是規劃當局，另外最重要可能是負責處理政府關係的說客——以國家美式足球聯盟的術語來說就是「截鋒」（offensive tackle）的角色。這份名單十分有趣，而且永遠也列不完。無論是哪家公司，都要知道何時該放開創建者的藤蔓，並且抓住經營者的藤蔓。同樣的，我們自己也應該知道何時該離開現在的公司，進入下一段旅程。

切．格瓦拉（Che Guevara）是一名出生在阿根廷的古巴革命領袖。一九六〇年柯爾達（Alberto Korda）在拍攝著名照片的《英勇的游擊隊員》（*Guerrillero Heroico*）後，讓格瓦拉成為一名革命偶像，這張照片也是史上頗具代表性的照片之一。諷刺的是，這名馬克斯主義革命家讓私人T恤銷售商大噱了一筆。可是攝影師柯爾達卻一毛錢也沒賺到，因為他是虔誠的共產主義者，從未試圖主張照片的任何經濟權利。但當斯米諾伏特加（Smirnoff）企圖使用這張照片時，柯爾達曾跳出來主張他的精神權利（moral rights）！[1]

一九五四年，格瓦拉前往墨西哥，隔年接觸古巴革命領袖卡斯楚（Fidel Castro）。格瓦拉在戰勝古巴獨裁者巴蒂斯塔（Fulgencio Batista）最後的游擊戰中，扮演了關鍵性的角色。一九五九年時，卡斯楚控制了古巴，他任命格瓦拉管理古巴國家銀行（National Bank of Cuba）和工業部（Ministry of Industry）。格瓦拉在古巴迅速實施土地重分配和工業國有化，這讓僅僅相隔一五〇公里外看著一切發生的美國人備感憤怒。在國外，格瓦拉則成了古巴環球大使，無論到何處都在宣揚馬克思主義革命。

同一時間，卡斯楚則是說一套做一套。他向美國人發誓他遵循的是「菲德爾主義」（Fidelismo）而非「共產主義」，但另一方面卻迅速將國內產業國有化，惹惱先前他的美國資助者。美國聲名狼藉的入侵古巴失敗後，意外的讓古巴和蘇聯越走越近，但格瓦拉一直以來卻都試圖和蘇聯保持距離。古巴多少因為美國貿易制裁的影響造成經濟衰退，隨後格瓦拉開始和其他古巴領導人產生摩擦。

表面上看來，卡斯楚和格瓦拉在革命行動中團結一心，但他們重視的事物完全不同。卡斯楚想要權力，格瓦拉想要改革；卡斯楚想要統治古巴，格瓦拉想要改變世界；卡斯楚是狡猾的政治操縱家，能夠為了把持控制而改變手段，格瓦拉則是著迷於正義的思想追隨者。一段時間過後，兩人之間的差異明顯無法調和，格瓦拉於是選擇在其他地方實現改革抱負。一九六七年，格瓦拉在波利維亞打了一場毫無勝算的戰爭後遭到射殺，卡斯楚則又統治了古巴五十年。

格瓦拉擁有推翻現有秩序重建新古巴的幹勁，卻沒有實際管理古巴的耐心。反之，卡斯楚並沒有持續改變世界的衝動，但卻擁有政治和管理的技能。換句話說，格瓦拉是創建者，卡斯楚則是經營者。兩人的故事告訴我們，創建者和經營者或許能暫時互補，但最終無可避免的會分開。

所以最顯而易見的問題就是：什麼時候創建者該離開，然後由經營者接手？對人資部門來說，這個問題至關重要。如果創建者在公司待太久，他們會開始焦慮、分散心思而失去注意力；如果經營者來得太早，公司可能會變得僵化、趨避風險且轉型遲緩。簡言之，創建者無窮的創意和經營者擴展的力量，都是對方無法取代的能力。公司面臨的挑戰不僅只是了解組織內何時需要創建者和經營者，而是什麼時候該雇用經營者接手創建者的位置。以下三個是讓創建者離開並由經營者接手的最佳可能時機：

(1)公司開始獲利時

(2) 首次公開發行後
(3) 政府監管開始產生影響後

理論上，這三件事應該會在不同時間發生，但實際上卻經常一起發生。

首先討論獲利。在組織開始發展的前幾年，典型的破壞性創新行動者的每筆銷售都會虧損，在到達轉折點後才開始賺錢。連續創業家兼身分驗證公司 iProov 的創辦人巴德（Andrew Bud）曾向我解釋：「幻想商業模式往往會讓人誤以為是破壞性創新，直到資金用盡，披著破壞性創新外皮的幻想商業模式才會現形。」創建者適合這種高風險的「燒錢」環境，經營者則更適合持續發展的階段，也就是邊際收益超過邊際成本、企業能夠穩定獲利且持續經營之時。

讓投資人幫你付外送的費用

一位聰明的朋友曾經告訴我，我應該在手機上各種食物外送 apps 還「持續經營」時多加利用。每次使用這些 apps 時，創投（Venture Capital，VC）金主或公開市場投資人，都在幫你支付部分帳單。

這是個精明的觀察。公司為了能夠擴展營運規模，完成的每筆交易都在燒錢，這些公司目前由創建者經營。當這些公司公開上市後，創建者離開並由經營者進駐。成為公開交易公司後，投資人要求的就不僅只是消費者的數量成長，還要不斷增加現金流利潤。

一旦暴露在資本市場的關注下，創建者和經營者的交替時間就可能發生混亂，但這並不代表只能二擇一。「核心」業務可以交給經營者，追求營運效率並產生現金流和利潤，然後再由創建者利用這筆現金進入新領域開發。

第一家大獲成功的叫車應用程式「Uber」就是最好的例子。二〇一九年五月 Uber 上市，公司大部分的營業收入都來自原本的「共享汽車」服務，經營時間已經超過十年，但同時也嘗試食物外送的副業「Uber Eats」。因此，經營者努力找到載送乘客更高效率的方法，創建者則研究可持續經營的食物外送系統。

絕對獨立的精品股票研究機構 Arete，深入去研究了 Uber 的財務報表，以便確定乘車服務和食物外送服務的平均成本等單位經濟效益。這項研究不考慮公司的中央企業管理費用，因為此費用會同時減少兩種業務的利潤。

接下來的圖表可以看出，Uber 的每趟乘車服務收入不但能完全支付成本，還能產出利潤——這是一項可由經營者收成、有利可圖的生意。相較之下，Uber Eats 仍在起步階段，每趟送餐服務都在賠錢，為的就是競爭搶市占率達到一定的規模。其他 Uber Eats 的競爭者完成的每筆訂單也同樣在燒錢，因此這項工作適合由創建者處理。

大家要知道的是，遭受衝擊的是 Uber Eats 而非餐廳，上述研究計算的數據是送餐的單位成本，而非製作餐點的成本。如果一份餐點要價四十英鎊，加上 Uber Eats 外送費後，消費者總共要支付四十五英鎊，餐廳會拿到四十英鎊減去服務費，但服務費加上外送費依然不足以支付外送和營運成本，使得 Uber 還需要倒貼約兩英鎊。Uber 稱這筆額外費用為「超額外送員激勵金」（excess driver incentives），簡單解釋就是：「如果只給外送員消費者支付的五英鎊外送費以下的薪水，根本找不到任何外送員，所以我們只好自掏腰包付更多錢。」我聰明的朋友是不是說得完全正確！使用 Uber Eats 十分划算，因為投資人正在幫你支付部分帳單。你必須在他們彈盡糧絕前好好利用！

第二個轉折點是前面提到的：公司公開上市的時候。如果用腳踏車來比喻，科技公司在早期階段就像是騎腳踏車，如果不前進就會倒下。在公開上市前，公司的資金波動頻繁

UBER乘車服務和UBER EATS：
經營者接送你，創建者接送你的食物

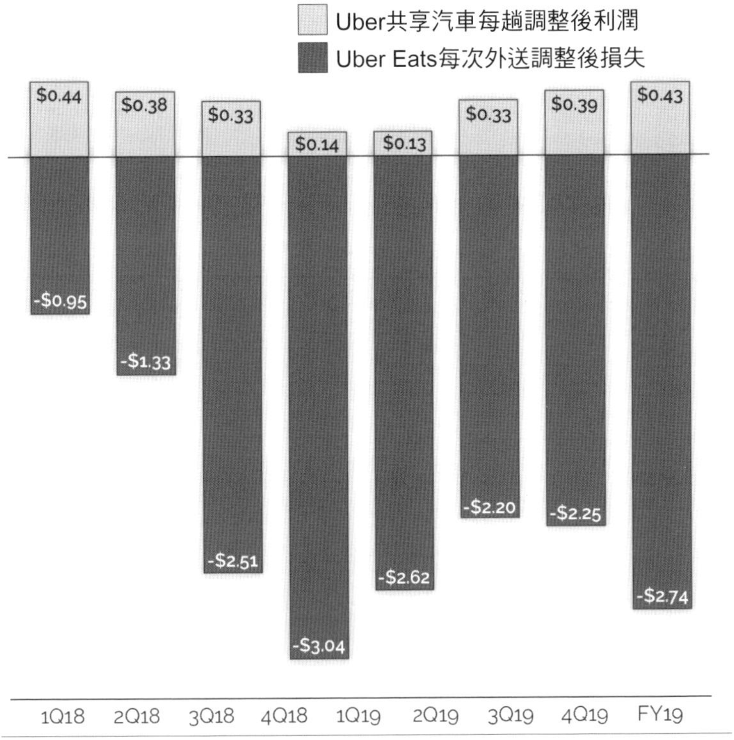

資料來源：Arete Research

且常常發生問題，因此公司需要創建者。在股市開始公開交易後，公司不但需遵守市場規則，還要保持動能，確保腳踏車無論在順勢或逆勢中，都能以穩定且可預測的速度前進。這正是經營者接手的時候。

第三個、也是最後一個轉折點，就是政府監管的時候。直覺上認為，創建者進入市場中的缺口，建立壟斷，經營者只是來收成壟斷播種後長出的利潤。創建者在競爭規則還不明確的環境中探索新領域；經營者則擅長在已有既定規則的環境下營運。

前面有提到，這三個轉折點可能會個別發生，也可能因為碰巧或機制上的因素而同時發生。例如，監管介入可能會迫使公司減少燒錢並積極推動ＩＰＯ。同樣的，想在公開市場上市的意圖，可能會引起監管機構注意，迫使公司將計畫從明天的成長轉為今天就要實現獲利。

在了解經營者接替創建者的三個時機點後，接下來要問的就是極為重要卻難以回答的問題：你覺得你是創建者還是經營者，或者兩者皆是？

僅將人類分為兩種類型，聽起來可能過於簡單，但歷史上卻有許多類似作法。本奇利（Robert Bencley）在一九二〇年二月告訴《浮華世界》（*Vanity Fair*）雜誌：「世界上可以說存在著兩種人：不斷將世上的人們分為兩類的人、以及不會這麼做的人。」美國作家魯尼恩（Damon Runyon）就是第一類人，他將人類分為「愛光顧熟食店的人，以及不該與之交流的人」。組織心理學家亞當・格蘭特（Adam Grant）則較複雜的將人類分為三類：給予者（giver）、索取者（taker）和互利者（matcher）。我和格蘭特一樣試圖幫助人們找出他們的身分。我分為創建者和經營者，也是為了幫你確定你在科技公司生命週期中的位置。

想像一條簡單的鐘形曲線，其中一端是純粹的創建者，只能發揮創建者的功能，完全沒有經營者的能力；另一端是純粹的經營者，只能發揮經營者的功能，完全沒有創建者的能力。某些人會位在兩端，某些人則會位在曲線正中間，同時擁有某些創建者和某些經營者的特徵。那些位於鐘形曲線兩端——也就是心理學家稱擁有「陰暗特徵」（dark trait）的人，才是我們需要注意的對象。這些人在自己擅長的角色上表現卓越，但無法也不應該扮演不適合他們的角色。即使人力資源部門已經設計了職業發展架構，激勵他們嘗試不同身分，也無法改變他們的特質。

挪威商學院（Norwegian Business School）的弗恩海姆（Adrian Furnham）教授是著名的組織心理學家先驅，著有九十五本書和一千兩百篇同儕審閱的學術期刊文章。他辨識鐘形曲線兩端「陰暗特徵」的方法是：觀察每個人是否在早期顯現出傾向任一端的跡象，使得創建者和經營者的特徵訊號浮出水面。具體作法是使用簡單且直覺的問題，去詢問一個人的過去，比如：「你在大學期間賺到了錢，還是欠了債？」也可能是更抽象的問題，像是詢問一個人如何處理設計挑戰。創建者可能會詢問：「你想怎麼裝飾這個房間？」經營者則可能會詢問：「你需要多大的地毯？」同樣的，科系選擇也能揭露一個人常採用聚斂思考（convergent thinking）或擴散思考（divergent thinking），學習藝術的人更傾向擴散思考，學習科學的人則傾向聚斂思考。最後，一個人畢業後選擇在哪裡工作，也能夠顯示出他們對於責任的態度，創建者偏好需要承擔較高責任的小公司，經營者則喜歡責任較低的大公司。

這些現實生活行為的觀察結果，有助於我們提供職業心理學家一項核心工具。二十多年前，霍根夫婦（Robert and Joyce Hogan）提出評估「陰暗面」（dark side）特徵的架構，陰暗面總共有十一項特徵，如果發展到極端，就會看起來像最常見的人格障礙。陰暗面特徵可以分為三個簡單的類別：接近他人、對抗他人和遠離他人。霍根人格發展調查（Hogan Development Survey，ＨＤＳ）之所以與眾不同，而且能夠成功被廣泛採用，就是因為這份調查不僅聚焦成功，同時也重視失敗——也就是說，調查導致領導力脫軌的特徵。畢竟，大家都說「殺不死你的會讓你更強壯」，從失敗中學習不就是成功最重要的條件嗎？

特徵並不能定義我們。特徵極具彈性，在不同的情境下會以不同形式出現。但特徵提供我們清楚且可複製的說法，我們可以使用特徵將周遭的世界轉換成清楚且簡化的模型。霍根的模型提供我們檢視職業心理學的新語言。我的模型雖然無法像霍根的模型那麼偉大，但也想要利用創建者和經營者的分類方式，讓你能夠使用一種新方法看待你的同事、朋友和家人。你又是屬於哪一種人呢？

掌握你的「陰暗面」特徵，有助於釐清你是創建者還是經營者。也可以了解自己是否處於鐘形曲線的兩端，以至於無法也不應該同時擔任兩種角色。如果你感覺自己缺乏職業發展架構，在工作中備感挫折，有可能因為你是一名經營者，卻擔任創建者的職位；如果你因為公司營運上的繁文縟節，遲遲無法開發新的商業想法，有可能因為你是一名創建者，卻擔任經營者的職位。一定要記得早期 Spotify 的投資人朋友告訴我的經驗：關鍵在於搞清楚「何時」——也就是公司生命週期中的哪一個時間點——創建者需要離開並由經營者接手。

你是哪種類型的人？

特徵	創建者和經營者獨特之處
對模糊事物的容忍度	**創建者**對模糊事物容忍度高，對固定流程容忍度低 **經營者**對模糊事物容忍度低，對固定流程容忍度高

風險偏好	**創建者**喜歡在起飛後設計飛機的風險，或是在起飛後想出商業模式 **經營者**偏好確切知道飛機如何降落
目標實現	**創建者**偏好旅程中的刺激而非達成目標 **經營者**的主要動力來自目標而非旅程
機會主義	**創建者**的動力來自於發現市場缺口 **經營者**更為謹慎，更常質疑缺口是否真的有市場
懷疑主義	**創建者**反對懷疑主義，因為如果他們不前進就沒地方可去 **經營者**利用懷疑主義來獲得權力和長久經營
恐懼失敗	**創建者**無懼失敗，將失敗當作發現成功的方法 **經營者**避免失敗來證明成功
想法應用	**創建者**以想法的品質來衡量自己 **經營者**以想法的實現來衡量自己
了解未知	**創建者**喜歡將未知規則應用到已知市場 **經營者**喜歡將已知規則應用到未知市場
精細度	**創建者**跳過細節來吸引聽眾 **經營者**對聽眾演講前需要了解細節

資料來源：作者自行整理的霍根人格發展調查

無論你認為自己是哪種類型，在處理破壞性創新時想要正確取得角色上的平衡，一直不是件容易的事。你可能會覺得創建者最適合駕馭破壞性創新，他們是改變的英雄。我們常會輕易將創建者當作偶像，並且將經營者想成幼稚園老師，認為經營者為了將不確定性降至最低，試圖限制創建者的創意想法。畢竟，思考發明一項新產品總是比思考如何銷售產品還要讓人興奮。

然而，這個世界需要經營者，他們知道如何進入生產線，他們知道如何擴大市占率，他們知道如何書寫信件並找到合適的瓶子塞進去。創建者或許能發想產品，但經營者才是讓產品觸及消費者的關鍵。

你已經熟悉借助破壞性創新轉型的八項原則，並且能夠應用泰山經濟學實際做出行動；現在，你又更清楚你扮演的是創建者還是經營者。因此，我們接下來要回到本書最前面，重新回顧八項原則中的每一項，藉此說明如何根據你的角色不同，採取不同的運用方式。

之所以如此做的原因就是，世上並不存在許多商業書籍所聲稱的「改變人生的一條規則」。如果你想要接受這個聳動標題，就很可能會失敗。也有許多學派教導許多規則，但我們每個人都不一樣，適合的規則也不相同。機場書店中聳動標題的書籍可能會吸引你的注意力，但在競爭激烈的注意力市場中，這些書無法幫助你善用破壞性創新來轉型。現在你擁有八項真正可以應用在每個人身上、只需要針對兩種類型的角色調整的原則。如此就能讓你拿出信心，知道何時該放開我們已知的事，然後抓住我們不知道的事。

建設好平台，消費者就會主動上門

第一章使用泰山經濟學講述音樂產業「第一個遭受衝擊，又第一個復原」的經歷。過去兩個十年各代表一半的經歷。第一個十年時，音樂產業藉由控告消費者、網站和網路服務供應商，採用防禦性的法律手段來抵抗變革。這已經不是理論上的經營者，更像是現實中的經營者用殺蟲劑來保護農作物，而非耕種土地。音樂產業的殺蟲劑帶來的傷害超過好處，花費數百萬美元，卻依然損失數十億美元。

第二個十年，音樂產業從個體和總體經濟學尋找所需資訊，然後伸手抓住串流的新藤蔓。音樂產業的持續復甦，讓現在正經歷數位破壞性創新的產業稱羨不已。

創建者將猖獗的音樂盜版問題視為一種賺錢的機會，消費者比以往收聽更多音樂，音樂產業只需要提供更好的平台，就能將這些收聽量轉為營收。這就是 Spotify 最初的願景：建設好平台，消費者就會來。另一方面，經營者以黑白分明的法律觀點來看待問題，認為消費者竊取音樂而非購買音樂，只要阻止偷竊行為，音樂產業就能復甦。最後是創建者將音樂產業帶向復甦。然而，故事還有一個轉捩點，我的朋友在喝咖啡和抽菸時提醒了我，現在該是經營者重新回歸的時機，他們可以穩定音樂產業的復甦，並確保音樂產業長期成長。

菁華萃取：創建者喜愛解決幾個大問題；經營者喜歡解決許多小問題。

單一化或最佳化

第二章我們不討論音樂，而是討論生活中無處不在的「注意力」。我們探索前進的道路上，面臨的第一條岔路就是注意力經濟學。注意力看起來只分為兩種：有注意或沒注意；但是注意力也可以堆疊，許多娛樂可以同時吸引我們的注意力。注意力的競爭性也提醒我們注意力戰爭的進行方式，某位注意力商人獲得注意力，會讓另一名商人失去注意力。我們延伸第一章的架構，會看到「共有財悲劇」——也就是這些注意力商人都想爭取更多我們的時間，但我們的時間卻越來越少。獨占消費者的注意力不只是要「獲得消費者注意力」，還要藉由「排除其他干擾」來提高消費者的注意力。

如果 Netflix 可以吸引我們沉迷觀看五季《毒梟》（*Narcos*），就能獲得我們超過五十小時的寶貴時間，這五十小時的注意力就無法花費在其他商品上。不僅 Netflix 大獲全勝，眾多輸家能取得的注意力也是少得可憐，這讓了解競爭性變得更為重要。創建者擅長以全有或全無的方式壟斷注意力；經營者則擅長最佳化注意力，他們堆疊不同的注意力，這表示不同的娛樂可以互補。創建者適合 Netflix 模型，消費者以單一形式提供純粹的注意力；經營者能夠兼顧更大、更多樣的同捆服務，像是英國的 Apple 提供高達六種服務的 Apple One 訂閱服務，這類服務需要滿足不同的注意力需求屬性。

菁華萃取：在競爭消費者注意力時，創建者擅長單一化，經營者則擅長最佳化。

質量或數量

第三章列出兩條吸引群眾的老規則，但對新潮的思維方式來說依然十分重要。我們從特百惠學到最重要的教訓就是，面對由上而下的行銷方式失敗，如何轉型改採由下而上的病毒式網路行銷。特百惠派對利用社交網路和社會壓力，售出的特百惠商品勝過任何傳統廣告手段。

同樣的，所羅門的淘兒唱片告訴我們，有選擇比沒有選擇好，但太多選擇並沒有比夠多選擇好。所羅門的實體店面存貨量，僅占現代串流服務上可收聽音樂的一小部分，但相對較少的唱片存貨，卻能滿足現今串流服務需求的九〇%。你不需要提供全球所有內容才能吸引群眾，只需要有一定數量的內容就夠了。

創建者比較不清楚要吸引哪些群眾，而且更有動力不惜一切代價「亂槍打鳥」擴大規模；經營者則知道某些群眾比其他群眾更有價值。創建者沒有時間在擴展規模時注意到微小資訊，而是聚焦於「活躍使用者」等重要指標，並詢問觸及的群眾有多少；經營者則想知道這些使用者實際上有多活躍。

菁華萃取：創建者擴大群眾數量，經營者耕耘群眾質量。

要有膽識單打獨鬥

第四章講述電台司令著名的《彩虹裡》實驗，當時電台司令決定脫離原本的唱片公司，並且獨立發行專輯。因為電台司令「大膽的行動」，比起前幾張專輯，這張專輯賺到更多收入，也更能自由的做各種嘗試，並且更了解他們的粉絲。電台司令的實驗探索了自製或外購決策的新領域，也就是要單打獨鬥還是尋求他人服務。他們留下了地圖，讓許多後人仿效他們的作法。

Patreon 和 Kickstarter 等平台為想要單打獨鬥的人提供新工具。同時，傳統「受眾創造者」的角色也產生變化，即使是準備要將控制權交給發行商、出版商的創作者，也會發現發行商、出版商現在會希望創作者自己要創造觀眾。因此，越來越多創建者——也就是那些希望拋開傳統守門人，開闢新成功之路的創作者——得到單打獨鬥的力量。另外，那些經營者——也就是傳統中介機構——不得不證明自己在價值鏈中的重要性。

因此，創建者和經營者之間的鴻溝就出現了。創建者本能的看到「自製」以及直接開發受眾的教育價值（educational value）。如果他們需要透過中介機構，就能談到更好的條件，而且不必放棄一路走來與粉絲建立的直接關係。

經營者需要轉型來維持自身地位，並且需要接受新的交易條款，他們必須拋開創作者競爭贏得評審青睞的世界——也就是類似凱因斯選美競賽的世界——並且走向與消費者直接溝通的新世界。

菁華萃取：創建者贏得消費者喜愛；經營者贏得評審青睞。

帶有資本主義色彩的共產主義

第五章告訴我們，隨著創作者透過自製而非外購尋求更獨立時，也會更依賴聯合組織讓他們的作品轉為收入並進行分配。相較於個別銷售作品，由聯合組織集中銷售作品自然有其道理。如果沒有聯合組織的解決方案，由於反共有財悲劇的風險，會導致市場過於零碎無法順利運作。因為需要和零碎市場中眾多創作者談交易，過於複雜的狀況會導致整個市場無法被充分利用。正是「格魯喬．馬克思主義」帶來的啟示，提醒我們這種平衡如此脆弱的原因：最有價值的成員加入的誘因最小、且離開的誘因最大。

聯合組織是「帶有共產主義色彩的資本主義」或者「帶有資本主義色彩的共產主義」。聯合組織處在一個平衡狀態，而且是脆弱的平衡狀態。創建者往往焦點較為狹隘，重視「為自己的利益打算」，不願花時間和精力建立和維護聯合組織。經營者則更善於利用巧妙的外交手段，維持所有創作者留在聯合組織內，並且打破格魯喬．馬克思主義所說「最有價值的成員會離開聯合組織」的誘惑。

菁華萃取：創建者缺乏建立聯合組織的耐心；經營者則擁有維持聯合組織完整的耐心。

為什麼我們需要兩個競爭的監管機構

第六章介紹「轉個方向思考」，藉由官方妖怪狂歡發瘋黨領袖——已故、偉大的「嚎叫的上帝薩奇」——所提出的著名政策，我們知道需要「超過一個競爭的主管機關」。

畢竟，我們怎麼能把維護競爭的工作，交給一家獨占的監管機構呢？仔細審視現今經濟學的教學方式，許多核心概念，尤其是「壟斷」的概念，不但沒有在大學中被正確傳授，甚是連政策制定者也未有效應用，此時你就會發現薩奇的意見特別有道理。現今壟斷的科技大公司，並不會像教科書上所教的減少產量並提高價格，反而想要擴大產量並降低價格，甚至提供免費服務。現在的壟斷者不關心邊際成本的概念，而是為了帶給消費者便利而競爭。

是否偏好定義完善的市場，就是創建者和經營者相異之處。沒有明確的市場就無法算出市占率。如果創建者正在建造從未出現過的商品，直覺上就可以判斷市占率並不存在；經營者的想法則截然不同，他們偏好定義完善的市場，也就是前例完善的市場。一個簡單測試就能確定現有環境需要創建者還是經營者，只需要詢問：「市占率有多少？」如果回答的人反而困惑的問：「什麼的市占率？」此時就應該由創建者進駐而非經營者。

菁華萃取：創建者會跳過理論並利用市場缺口；經營者則會尋求應用理論來了解缺口中的市場。

最重要的事往往最少被測量

第七個原則是評估我們所處的現狀，揭開國家測量我們的經濟所使用的方法有多令人擔憂。利用房產賺錢、從親人繼承遺產、以及在電商消費……這些對社會上許多人來說已經成為一種常態，然而這些經濟活動如何準確的納入政府統計數據猶未可知。如果稍微仔細觀察經濟活動如何進入雲端，你會發現我們的經濟行為和政府測量到的數據存在更大差距。再更仔細觀察，維基百科和臉書等免費服務越來越熱門，這些服務都卻未充分反應在國家的統計數字上。借用梭羅（Robert Solow）的話來說：「數位經濟無處不在，唯獨在政府的統計數據中找不到。」

區分創建者和經營者的關鍵，就是縮小能夠測量和無法測量現象的渴望程度。經營者安於現狀，對於已經編制多年的數據和產出的趨勢十分滿意；創建者則十分擔心這種習慣，他們更願意重新開始。創建者願意從其他地方尋找傳統調查尚未歸類的即時雇用和解雇訊號，像是LinkedIn的經濟學家就做了令人欽佩的工作——他們納入ＡＩ等官方調查遺漏的就業類別。但在此存在著緊張關係：新方法取代多年以來建立傳統的好方法，這會讓經營者備感威脅。

菁華萃取：經營者局限在能測量的資料內制定政策解答；創建者則會針對無法測量的資料詢問政策問題。

猜想與反駁

第八章建立在懷疑政府統計數據的觀點上，我們跳下最重要的交通手段——大數據的「樂隊花車」，質疑大數據可能會讓我們犯下大錯誤。

我們太過相信大數據，所以需要使用「厚數據」來重新平衡，也就是了解人們本身，而不是人們產出的可量化數據點。使用及濫用大數據的誘惑，胡亂連結相關性和因果關係，在在蒙蔽了基本常識，而且還可能落入量化謬誤，也就是認為任何無法輕易測量的東西都不重要。最重要的，就要要徹底重新檢視NPS——大家都聲稱這個分數可以告訴我們一切，但實際上卻幾乎沒有告訴我們任何東西。

為了要區分創建者和經營者兩種人格類型，我們需要借助極具影響力的哲學家卡爾・

波普（Karl Popper）的著作，以及他的「猜想與反駁」（conjectures and refutations）理論。也就是，我們所說的一切都需要接受挑戰和反駁，才能證明其真實無誤。創建者會讓大膽的大數據猜想更加大膽，藉此確保新創公司或學術機構的注資無虞，這也是維護他們的既得利益；經營者則更可能挑戰量化偏差，反駁大數據的說法並尋找更好的解釋。創建者急於推銷對未來大數據預測；經營者則提醒我們：所有的大數據都來自過去。

菁華萃取：創建者利用能夠測量的大數據做出猜想；經營者則從無法測量的事物中找出想法來反駁。

了解你的角色不但能讓你擁有信心、更熟練的運用泰山經濟學，還能幫助你應用這八項原則，順利的借助破壞性創新轉型。我們都各自擁有不同的優劣勢，擁有自己獨特的動機、價值和偏好。我們是不同的馬匹，適合在不同的路上奔跑。有很多書籍談論「如何」和「為何」要面對破壞性創新，但了解你的角色可以幫你了解在破壞性創新發生的過程中，你「何時」能帶來最多價值，何時又該讓出位置。

詢問並回答「你覺得自己是什麼角色？」能夠幫助身為讀者的你，了解何時要在面對破壞性創新時轉型、以及如何轉型。我可以理解，你大概想要反問我：「我已經讀到了這本書的結論，作者宣揚了轉型所需的八項原則，並且要求我問自己『我的角色是什麼？』在動機、價值和偏好方面，我和其他志同道合的人屬於那一類？」

為了得到這個問題的答案，我想要從創建者和經營者轉移到更古老的類比——這是第三次引用亞當・斯密最著名的作品《道德情操論第四部分》中的一段文章，正好完成了我的帽子戲法。亞當・斯密在這段文章中探討數學家和詩人的不同之處。

亞當・斯密觀察到：不同領域學者之間的風氣，會因其受輿論影響程度不同，而有極大差別。亞當・斯密繼續說明：

「數學家……幾乎沒有誘因會讓他們組成派系或集團，他們不需要依靠團體維護自己或打壓對手的名聲。數學家的作品得到認可時會很開心，遭到忽略時也不會懊惱或生氣。」[2]

亞當・斯密注意到，數學家能帶來極大影響力，但他們自己卻不會追求成為有影響力的人。如果社群媒體出現在十八世紀晚期，亞當・斯密描寫的數學家很可能不會使用社群媒體。在英國喬治國王（Georgian）當政的時代，按讚和轉推幾乎不會在社群引起任何共鳴。

另一個極端是詩人，根據亞當·斯密的說法：

「詩人非常容易就將自己分到某個文學派系，每個派系都是公開的，而且私下是其他集團名聲上的死敵，他們會使用陰謀和拉攏等卑鄙手段，促使公眾輿論支持自身成員的作品，並且唾棄其敵人和對手的作品。」

詩人就相當於喬治時期的誘導者，使盡全力吸引你的注意力，並左右公眾輿論，他們在臉書上建立支持內部集團的社團，並且在推特上攻擊所有與他們意見相左的外部集團。

不知是天性使然還是後天養成，像我這樣厚顏無恥的經濟學家能保持中立態度，站到數學家和詩人中間，在對真理的渴望和對認可的需求之間遊走。並不是只有「鬱悶科學」會發現自己卡在中間。回想一下我解釋過吸引群眾的過程，隨著房間越來越擁擠，就越來越難看到在房間深處的群眾。這些先前不認為自己需要從群眾中站出來的職業，會發現自己迷失在人群之中。這意味著如果你不轉型，將自己推到房間的前面，無情的數位浪潮將會讓你的學科沖到房間後頭，漸漸失去影響力。

轉型正是這本書要推動的目標：無論你是誰或身在何處，因為 COVID-19 疫情的緣故，都正在經歷被顛覆的時刻。很可能在如此短的時間內，破壞性創新的程度遠遠超過以往。我們都正面臨數位破壞性創新，需要採取行動應對。這本書和書中提到的八項原則，可以當作你的醒鐘。破壞性創新不會留給你八個小時充足睡眠，如果你不小心打了瞌睡，這八項原則就會提醒你被顛覆迫在眉睫，試著叫醒你跟上破壞性創新的腳步。停下來想一下，你一直緊抓的舊藤蔓，是不是快要從你手上滑開了呢？是不是到了要奮力一跳抓住新藤蔓的時機了呢？

這本書讓我有機會，將我在音樂產業歷經破壞性創新旅程中的所見所聞告訴大家，幫助大家避免音樂產業在第一個十年所犯下的錯誤，並且從音樂產業第二個十年的成功經驗中學習。破壞性創新讓所有人都必須面對黑暗，泰山經濟學教我們的八項原則，能確保我們能在隧道的最後找到光明。只要你知道隧道的最後是一片光明，就能夠更有信心轉型。

應用這八項原則時，信心是最重要的關鍵：你要擁有信心接受艱難時刻並採取行動；從綁手綁腳，到更自由開闊的工作；從使用由上而下的方式和消費者溝通，調整為由下而上讓消費者變成新的推廣者；你要拿出信心吸引自己的群眾，因為如果不這麼做也不會有人願意投資你；你要擁有信心放棄短期個人利益，並且合作尋求共同利益更好的未來；你要有自信的意識到，與好主意相反的也可能是個好主意；你要有信心去衡量看不見的事物，因為我們知道最重要的事物往往最少被測量到；你也要自信的知道，量化偏差可能會帶領我們走向錯誤方向，以及如何利用最初產生資料的人們，修正我們的錯誤資訊，並且走向更正確的方向。

因為我們都將面臨被顛覆的時刻，所以需要泰山經濟學，藉此能更快解決生活中面對的挑戰，拖延只會讓問題變得更大且更難解決。讀完這本書後，你可以決定下一步要怎麼做，但你現在能夠比任何你所要幫助的個人、組織或機構更快、更有效率的轉型。我所能分享且引導你順利走向前方的最後一課就是：

不要等待最合適的工作機會，
而是要創造適合自己的工作機會。

章節附註

1 威爾斯（Matt Wells），〈格瓦拉的照片攝影師，在作品歷經四十年數百萬張海報使用後，提起了版權訴訟〉（After 40 years and millions of posters, Che's photographer sues for copyright），《衛報》，二〇〇〇年八月。

2 亞當・斯密，〈第三部分第二章：熱愛讚美且值得讚美；害怕指責且應該指責〉（Part III, Chapter II: Of the love of Praise, and of that of Praise-worthiness; and of the dread of Blame, and of that of Blame-worthiness），《道德情操論》，芬利（Anthony Finley），一八一七年。

泰山經濟學

從 Spotify 看善用破壞性創新轉型的八大原則

作者／威爾・佩奇（Will Page）
譯者／劉懷仁
總監暨總編輯／林馨琴
責任編輯／楊伊琳
行銷企劃／陳盈潔
封面設計／陳文德
內頁排版／新鑫電腦排版工作室

發行人／王榮文
出版發行／遠流出版事業股份有限公司
地址：臺北市中山北路一段 11 號 13 樓
電話：（02）2571-0297
傳真：（02）2571-0197
郵撥：0189456-1

著作權顧問／蕭雄淋律師
2022 年 5 月 1 日　初版一刷
新台幣 定價 450 元（如有缺頁或破損，請寄回更換）

ISBN 978-957-32-9516-7

YLib.com 遠流博識網
http://www.ylib.com
E-mail: ylib @ ylib.com

Tarzan Economics : Eight Principles for Pivoting Through Disruption

This edition is published by arrangement withPivotal Economics (c/o Curtis Brown Group Limited)
through Andrew Nurnberg Associates International Limited

國家圖書館出版品預行編目資料

泰山經濟學／威爾・佩奇(Will Page) 著 ; 劉懷仁 譯. -- 初版. --
臺北市 : 遠流出版事業股份有限公司, 2022.05
352 面：14.8 × 21公分
譯自：Tarzan Economics : eight principles for pivoting through disruption

ISBN 978-957-32-9516-7（平裝）

1. CST: 組織再造 2.CST: 組織管理 3.CST: 策略規劃

494.2 111004603